TRIERER WINCKELMANNSPROGRAMME

TRIERER WINCKELMANNSPROGRAMME

BEGRÜNDET VON GÜNTER GRIMM
FORTGEFÜHRT VON
TORSTEN MATTERN UND MARKUS TRUNK

HEFT 23

2011

INSTITUT FÜR KLASSISCHE ARCHÄOLOGIE DER UNIVERSITÄT ZU TRIER

ANDREAS VÖTT

Neue geoarchäologische Untersuchungen zur Verschüttung Olympias

Eine Einführung in die Olympia-Tsunami-Hypothese

HARRASSOWITZ VERLAG · WIESBADEN

Gefördert mit Mitteln der Universität Trier.

Die Bände 1–21 sind im Verlag Philipp von Zabern erschienen.

Bibliografische Information der Deutschen Nationalbibliothek
Die Deutsche Nationalbibliothek verzeichnet diese Publikation in der Deutschen Nationalbibliografie; detaillierte bibliografische Daten sind im Internet über http://dnb.dnb.de abrufbar.

Bibliographic information published by the Deutsche Nationalbibliothek
The Deutsche Nationalbibliothek lists this publication in the Deutsche Nationalbibliografie; detailed bibliographic data are available in the internet at http://dnb.dnb.de.

Informationen zum Verlagsprogramm finden Sie unter
http://www.harrassowitz-verlag.de

Gedruckt auf alterungsbeständigem Papier.
Satz und Layout: Susanne Nakaten, Trier
Druck und Verarbeitung: Memminger MedienCentrum AG
Printed in Germany

ISSN 2192-7650
ISBN 978-3-447-06957-1

Inhaltsverzeichnis

Vorwort der Herausgeber

Das Trierer Winckelmannsprogramm enthält die schriftliche Fassung des jährlichen Festvortrages, mit dem im Fach Klassische Archäologie an der Universität Trier alljährlich der Geburtstag Johann Joachim Winckelmanns, des Begründers der Klassischen Archäologie als wissenschaftliche Disziplin, gefeiert wird. Die Reihe wurde 1979 von Günter Grimm begründet.

Olympia ist eine der traditionsreichsten Ausgrabungstätten der deutschen Klassischen Archäologie. Mit der Geoarchäologie hat sich unser Fach in den letzten Jahren durch einen Brückenschlag zu den Geowissenschaften neue Forschungsfelder und neue Methoden erschlossen. Wie fruchtbar diese Verbindung zwischen Tradition und Innovation ist, zeigt sich in dem vorliegenden Vortrag, der zudem mit der Tsunamiforschung hochaktuelle Fragen aufgreift.

Wir freuen uns sehr, daß auch der diesjährige Band durch die großzügige Hilfe des Präsidenten, Herrn Prof. Dr. Michael Jäckel, möglich gemacht wurde und danken ihm dafür herzlich. Weiterhin danken wir dem Harrassowitz-Verlag, der die verlegerische Betreuung der Reihe übernommen hat, namentlich Frau Dr. Barbara Krauß.

Die Trierer Winckelmannsprogramme schmückt das Universitätssiegel der Alma Mater Treverensis aus dem 15. Jahrhundert mit der Legende:

TREVERIS EX URBE DEVS COMPLET DONA SOPHIE
„In der Stadt Trier führt Gott die Gaben der Weisheit zur Vollendung"

In der Mitte ist wahrscheinlich der Apostel Matthias dargestellt, umgeben von den Bischöfen Ambrosius und Augustinus sowie den Wappen der Stadt Trier (St. Peter) und des Trierer Erzstiftes (Trierer Kreuz).

Torsten Mattern *Markus Trunk*

Abb. 1 Blick nach Osten vom Drouva-Rücken auf das mittlere Alpheios-Tal und das untere Kladeos-Tal. Die archäologischen Reste Olympias liegen nordöstlich des Zusammenflusses von Kladeos und Alpheios. Im linken Mittelgrund ist der Kronos-Hügel zu erkennen. Dargestellt ist die Situation vor Beginn der deutschen Ausgrabungen 1875.

1. Einleitung und Fragestellung

Das Rätsel um die Verschüttung Olympias ist mindestens so alt wie die ersten systematischen Untersuchungen dieser berühmten Kultstätte am Zusammenfluss der Flüsse Alpheios und Kladeos unweit der Westküste der Peloponnes (Abb. 1). Im Zuge der Ausgrabungen im 19. Jahrhundert durch zunächst französische, dann deutsche Archäologen wurde schnell klar, dass es sich um mächtige und weitflächige Ablagerungen handelt, welche die Reste Olympias bedecken und deren Abtragung im Vorfeld einer archäologischen Untersuchung erfolgen musste. Dabei wurde die Frage nach Ursache und Herkunft der Sedimentmassen früh gestellt und intensiv diskutiert[1] sowie in damals schon sehr fortschrittlichem Maße geowissenschaftlicher Fachbeistand für erste Oberflächenerkundungen hinzugezogen[2]. Allerdings wurde das nach wie vor ungelöste geomorphologische Problem der Verschüttung Olympias erst rund 80 Jahre später von Büdel[3] wieder aufgegriffen. Der Wunsch nach einem verbesserten geoarchäologischen Verständnis komplexer Mensch-Umwelt-Verhältnisse seit dem Neolithikum sowie die stetig steigende touristische Attraktivität haben in den letzten Jahrzehnten zu einem wachsenden Interesse an der Landschaftsgeschichte Olympias geführt.

Der Fokus der archäologischen Arbeiten, die seit 1875 vom Deutschen Archäologischen Institut durchgeführt werden, galt jedoch bis weit ins 20. Jahrhundert hinein vorwiegend der Entdeckung und Bergung archäologischer Funde sowie der Rekonstruktion des antiken Heiligtums, wie es sich über die Zeit hinweg entwickelt hat[4]. Einen hervorragenden Überblick über die reichhaltigen Erkenntnisse zur Geschichte Olympias liefern Kyrieleis und Heilmeyer[5]. Obwohl die schiere Mächtigkeit und die vielfach als auffällig beschriebene Schichtung des archäologisch zunächst uninteressant scheinenden, zu entfernenden Sedimentes genügend Anlass gegeben hätte, sich mit dem geomorphologischen Hintergrund zu beschäftigen, wurde die Beseitigung des Deckmaterials über lange Zeit hinweg systematisch mit dem Ziel betrieben, so schnell wie möglich an archäologisch relevante Fundhorizonte zu gelangen. Hierbei wurde eine größtmögliche Effizienz unter Aufwendung eines hohen logistischen Aufwandes angestrebt[6]. Dadurch ist im Ausgrabungsbezirk Olympias der

Abb. 2 Blick nach Westen auf die Heraion-Grabung im Zuge der Grabungskampagne 1877/78, im Hintergrund der Hügel von Drouva mit Anzeichen von Hangrutschungen. Deutlich ist die Original-Landoberfläche zu Beginn der Ausgrabungen zu erkennen, die rund 4 m über der Tempelbasis liegt. Am linken Bildrand ist ca. 2 m unter der Oberfläche eine horizontale Schichtung sowie ein darunter befindlicher dunkler Paläoboden zu sehen.

geoarchäologisch-sedimentologische Kontext bis auf wenige Ausnahmestellen, an denen noch vollständige Stratigraphien vorzuliegen scheinen, verloren gegangen. Für Olympia ist dies insofern bedauerlich, weil bis zum heutigen Tag keine plausiblen archäologischen und historisch-geographischen Erklärungen dafür vorliegen, warum die Stätte am scheinbar unspektakulären Zusammenfluss von Kladeos und Alpheios errichtet wurde, auf welche Art und Weise und in welchem Zeitraum sie zerstört und letzlich, warum sie von Sedimenten überlagert wurde. Denn bis zur Vorlage eines allseits akzeptierten Erklärungsmodells ist nicht auszuschließen, dass gerade die lokalen landschaftsbildenden Prozesse und physisch-geographischen Besonderheiten einen unmittelbaren Einfluss auf die Standortwahl für das Heiligtum besaßen. Mit der angestrebten Entschlüsselung des Rätsels um die Verschüttung Olympias ist damit auch die Möglichkeit einer impulsgebenden Wirkung verbunden, bislang vorliegende archäologische Funde und Befunde in einem neuen Licht zu betrachten.

Panhellenische Spiele in Olympia sind für die Zeit zwischen dem 8. Jh. v. Chr. und dem Verbot im ausgehenden 4. Jh. n. Chr. belegt, wenngleich dort bereits früher entsprechende Veranstaltungen stattgefunden haben könnten[7]. Letzte Spuren menschlicher Präsenz deuten darauf hin, dass Olympia möglicherweise erst um 620 n. Chr. von seinen Bewohnern verlassen wurde[8]. Das Paradoxon hinsichtlich der Verschüttung Olympias liegt nun darin, dass im Zuge der Ausgrabungen scheinbar untergeordnete Sedimentablagerungen für das große Zeitfenster festgestellt wurden, während dessen in Olympia Festspiele abgehalten wurden. Hingegen kamen anschließend 4 bis 6 m mächtige Sand- und Schluff-Pakete zur Ablagerung, die weite Teile der Stätte in Form der so genannten Olympia-Terrasse unter sich begraben haben (Abb. 2). Dies ist umso erstaunlicher, als das Bachbett des Kladeos heute 8–10 m tief in die Olympia-Terrasse eingeschnitten ist. Aufschüttung und fluviale Eintiefung sind im Allgemeinen zwei diametral entgegengesetzte Reaktionen auf unterschiedliche Ursachen, erstere beispielsweise

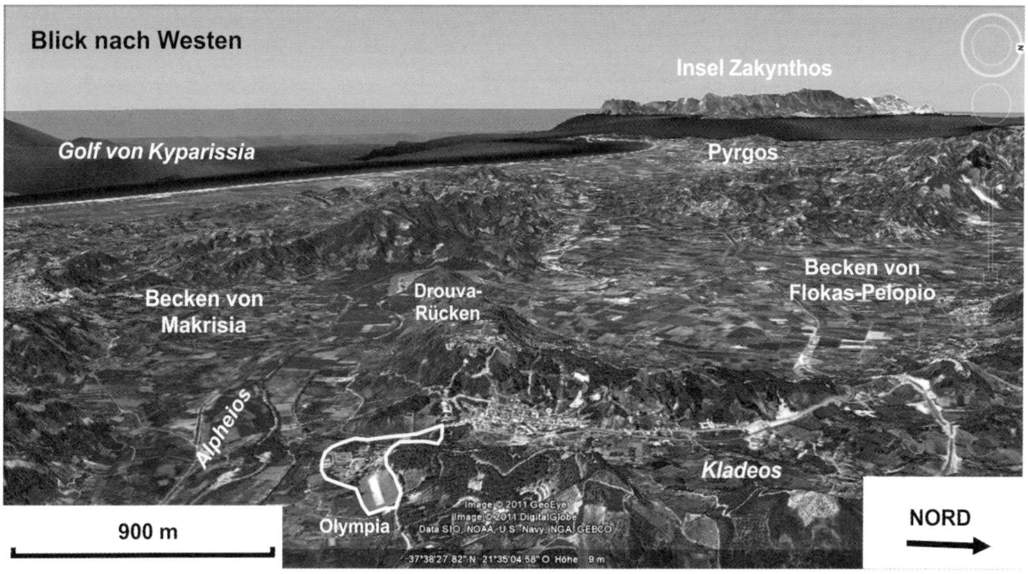

Abb. 3 Vogelperspektivischer Blick nach Westen über das Kladeos- und mittlere Alpheios-Tal sowie den Drouva-Rücken in Richtung Golf von Kyparissia. Der verengte Talabschnitt am unteren Alpheios bis kurz vor der Küstenniederung ist deutlich zu erkennen. Die Kultstätte Olympia liegt am Zusammenfluss der Flüsse Kladeos und Alpheios etwa 16–19 km von der heutigen Küste entfernt.

auf eine Anhebung des Vorflutniveaus oder eine Verstopfung der Abflussbahn, letztere beispielsweise auf eine Anhebung des Hinterlands oder eine Absenkung des Meeresspiegels. Für Olympia sind damit allein seit byzantinischer Zeit sowohl bis zu 6 m mächtige Sedimentaufhöhungen als auch bis zu 10 m tief reichende Erosionsleistungen zu erklären. Allein vor diesem Hintergrund ist von Landformungsvorgängen auszugehen, deren Dimension und Intensität das normale Maß der alltäglichen Formung, wie sie für Olympia seit rund 200 Jahren beobachtet werden kann, weit überschreiten.

Seit 2010 werden seitens der Arbeitsgruppe „Naturrisiko-Forschung und Geoarchäologie" am Geographischen Institut der Johannes Gutenberg-Universität Mainz systematische geomorphologische und geoarchäologische Untersuchungen im Rahmen des vom DAI geleiteten Projektes „Olympia und seine Umwelt" durchgeführt, teilweise eingebettet in ein seitens der DFG finanziertes geowissenschaftliches Projekt zur Erfassung und Rekonstruktion holozäner Tsunami-Ereignisse im Ionischen Meer. Die Hauptziele unserer Studien sind (1) die systematische Erfassung und Charakterisierung holozäner Sedimentstratigraphien der Olympia-Terrasse mittels geomorphologischer, sedimentologischer und geoarchäologischer Methoden, (2) die Kennzeichnung von Labilitäts- und Aktivitätsphasen in der Landschaftsentwicklung im Umfeld von Olympia mit Hilfe physikalischer und geochemischer Umwelt-Proxies, (3) die vergleichende Betrachtung des regionalen Landschaftswandels entlang eines Transektes zwischen Olympia und der heutigen Küste, (4) die Überprüfung bestehender Erklärungsansätze sowie (5) die Erstellung eines geeigneten, die Gelände- und Laborergebnisse berücksichtigenden hydrodynamischen Modells zur Verschüttung Olympias.

2. Naturräumliche Struktur und geotektonischer Hintergrund

Olympia liegt am Zusammenfluss des Alpheios, der mit rund 110 km Laufstrecke der längste Fluss der Peloponnes ist, mit dem Kladeos, einem perennierenden Bach, welcher das unmittelbar nördlich von Olympia liegende Gebiet bis zum 10 km entfernten Stufenrand der Berge von Lalas entwässert (Abb. 1 und 3). Im Bereich des Zusammenflusses der beiden Gewässer treffen die N-S gerichtete Talachse des unteren Kladeos und die E-W-gerichtete Talachse des mittleren Alpheios in nahezu rechtem Winkel aufeinander. Bei ihrer Entdeckung befanden sich die archäologischen Überreste der antiken Kultstätte, angelehnt an

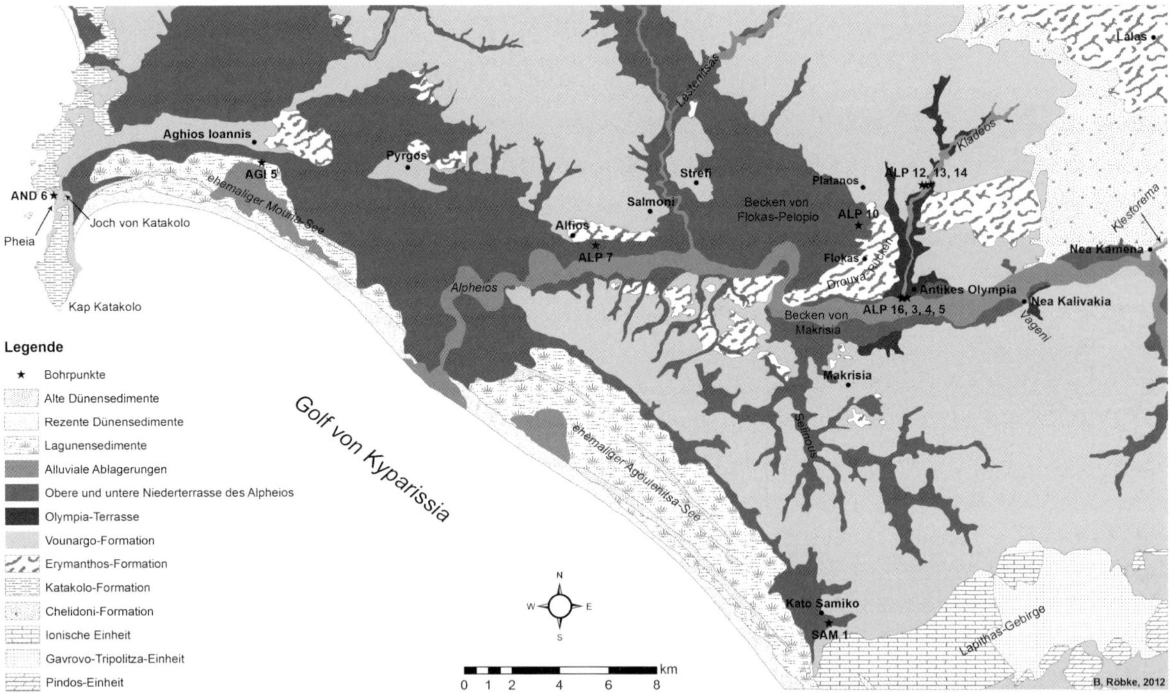

Abb. 4 Geologische Übersichtskarte des weiteren Untersuchungsgebietes und Lokalisierung der hier vorgestellten Bohrprofile.

den aus der umliegenden Tertiärhügelkette hervorspringenden Kronos-Hügel, unmittelbar nordöstlich der Konfluenz, von mächtigen Lockersedimenten bedeckt. Diese Lockersedimente liegen in Form der schwemmfächerartigen Olympia-Terrasse vor, die ein N-S gerichtetes Gefälle entlang des Kladeos besitzt und ungefähr 200 m südlich des heutigen Grabungsgeländes in Form einer bis zu 10 m hohen, erosiv angelegten Terrassenkante zum Alpheios hin abbricht. Im Verlauf der vergangenen rund 140 Jahre sind die inmitten der Terrasse liegenden Überreste Olympias systematisch freigelegt worden und damit für den heutigen Besucher zugänglich. Die zentralen Bereiche Olympias liegen rund 33–34 m über dem heutigen Meeresspiegel (m ü. M.). Die Entfernung Olympias zur Mündung des Alpheios beträgt Luftlinie rund 15,9 km, die Entfernung zum Meer in E-W-Richtung rund 19 km (Abb. 3).

Das Kladeos-Tal sowie der benachbarte untere und mittlere Abschnitt des Alpheios-Tals sind vorwiegend in pliozänen Mergeln der Vounargo-Stufe ausgebildet (Abb. 4), die stark zu gravitativen Massenbewegungen neigen[9] und in der örtlich auftretenden Chelidoni-Stufe schluff- und sanddominierte Abschnitte aufweisen[10]. Die Konglomerate, die den bis zu 3 km weiten, halbrundtheaterartigen Talabschluss des Kladeos prägen, und deren Verbreitung auch für Abschnitte des Drouva-Rückens sowie der Hügelketten nördlich von Olympia nachgewiesen ist, sind pleistozänen Alters[11]. Der mittlere Kladeos-Talabschnitt ist vom westlich vorgelagerten Becken von Flokas-Pelopio durch die nördlichen Ausläufer des Drouva-Rückens getrennt. Letzterer weist hier, vor allem in seinem nördlichen Abschnitt, mehrere tief eingeschnittene Joche auf (heutige Höhe bei ca. 65 m ü. M.), über welche die moderne überregionale Schnellstraße sowie die Hauptstraße und die Eisenbahnlinie Pyrgos-Olympia verlaufen. Unterhalb des Zusammenflusses von Kladeos und Alpheios wird der hier E-W verlaufende Rücken von Drouva vom Alpheios auf einer kurzen S-N-Laufstrecke durchbrochen, bevor der Alpheios im Becken von Flokas-Pelopio erneut eine E-W-Laufrichtung einschlägt. Der vorwiegend E-W gerichtete Lauf des Alpheios zwischen dem Alpheios-Knie im Osten und seiner Mündung im Westen zeigt eine deutliche Anlehnung an die ENE-WSW verlaufende Alpheios-Störungszone, die nebst zahlreichen weiteren quasi-parallel verlaufenden Störungen die westliche Peloponnes in eine N-S-Abfolge von seismisch aktiven Horst- und Grabenstrukturen aufteilt[12]. Im Untersuchungsgebiet, das in der übergeordneten Grabenstruktur von Elis liegt, trat letztmals 1993 ein

Erdbeben der Stärke 5,5 auf und verursachte beträchtliche Schäden[13].

Oberhalb des heute als Staustufe zur Energiegewinnung genutzten Alpheios-Durchbruchs liegt das an die lokale Erosionsbasis gebundene, rund 3 km² große Becken von Makrisia. Das etwa 10 km² umfassende Becken von Flokas-Pelopio leitet in den rund 7 km langen unteren Engtalabschnitt des Alpheios zwischen den Ortschaften Kato Strefi und Alfios über. Hier besitzt das Alpheios-Tal eine maximale Breite von lediglich 1–1,3 km. Nachdem der Alpheios die NW-SE verlaufende Tertiärhügellandbegrenzung von Pyrgos-Epitalio, die an die Epitalio-Störungszone angelegt ist[14], hinter sich gelassen hat, mündet er rund 4 km entfernt in Form eines Keildeltas in den Golf von Kyparissia. Das weitläufige Küstengebiet, welches bis ins 20. Jh. durch die ausgedehnten, lagunenartigen Seen von Mouria nordwestlich der Mündung und von Agoulenitsa südöstlich der Mündung gekennzeichnet war, wird heute künstlich entwässert und landwirtschaftlich genutzt.

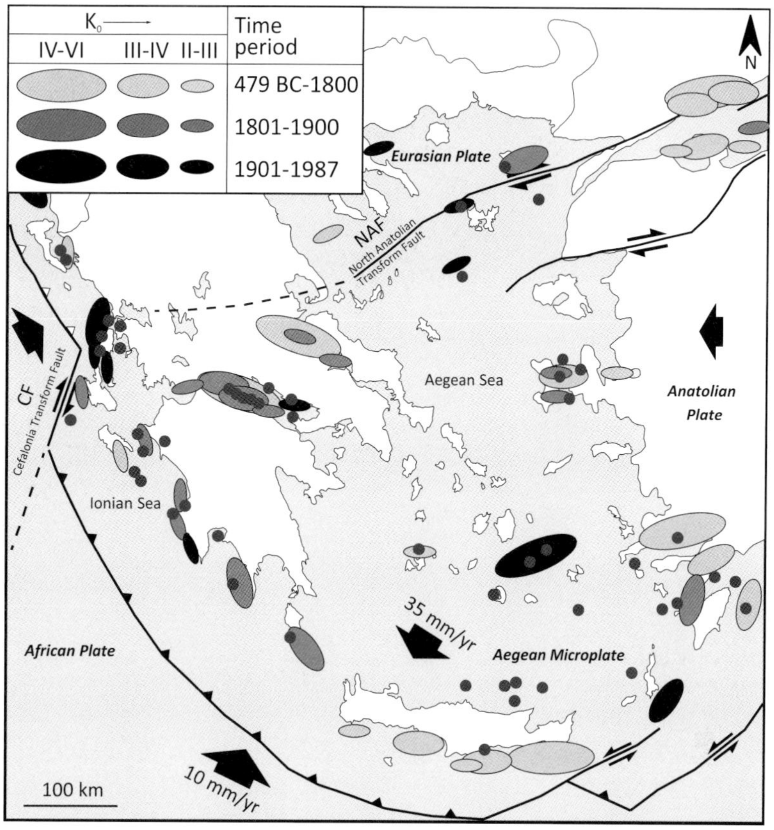

Abb. 5 Tsunamigene Küstenregionen für das Ionische und Ägäische Meer (Ellipsen) und Epizentren historisch überlieferter tsunamigener Erdbeben (Punkte). K_0 steht für die geschätzte maximale Tsunami-Intensität nach Sieberg-Ambraseys. Die Ellipsengröße gibt die Intensitätseinschätzung wider.

Für die Becken von Makrisia und Flokas-Pelopio sowie für den mittleren und unteren Abschnitt des Alpheios-Tals sind in der amtlichen geologischen Karte 1: 50.000 neben jungholozänen lehmig-sandig-kiesigen Auensedimenten vorwiegend holozäne Niederterrassenablagerungen verzeichnet (Abb. 4). Die Ablagerungen der höheren Olympia-Terrasse sind vorwiegend auf das Kladeos-Tal konzentriert, wobei sich Relikte auch an den südlichen Hängen des seiner Mündung gegenüber liegenden Alpheios-Talabschnitts finden; die östlichsten Vorkommen befinden sich westlich des Alpheios-Knies bei Nea Kamena rund 4 km von der Mündung entfernt beim Ort Nea Kalivakia[15]. Neue geomorphologische Details zur Verbreitung der Olympia-Terrasse werden in Abschnitt 4 behandelt.

Geotektonisch betrachtet liegt die westliche Peloponnes in einem der seismo-tektonisch aktivsten Gebiete des gesamten Mittelmeerraums. Lediglich 50–100 km südwestlich der Mündung des Alpheios befindet sich die Hellenische Tiefseerinne, die im großen Bogen ganz Griechenland von der Adria über das Ionische Meer bis an die südtürkische Küste umspannt (Abb. 5). An dieser Rinne wird Lithosphärenmaterial der Afrikanischen Platte unter die Ägäische Mikroplatte als Teil der Eurasischen Großplatte subduziert. Dies geschieht mit einer Geschwindigkeit von bis zu 50 mm pro Jahr und ist mit dem Auftreten zahlreicher, vorwiegend flacher Erdbeben verbunden[16]. Aufgrund historischer Quellen sowie von Katalogeinträgen ist seit langem bekannt, dass in Verbindung mit diesen Erdbeben wegen des örtlich assoziierten Vulkanismus Tsunamis auftreten. Mit Hilfe der Auswertungen von Papazachos und Dimitrius[17] können für Griechenland vier tsunamigene Hauptzonen ausgegrenzt werden: (1) Küstenzonen entlang der Hellenischen Tiefseerinne, z. B. die Westküsten der Ionischen Inseln, die Küsten der Westpeloponnes sowie die Südküste Kretas, (2) der Golf von Korinth, (3) die

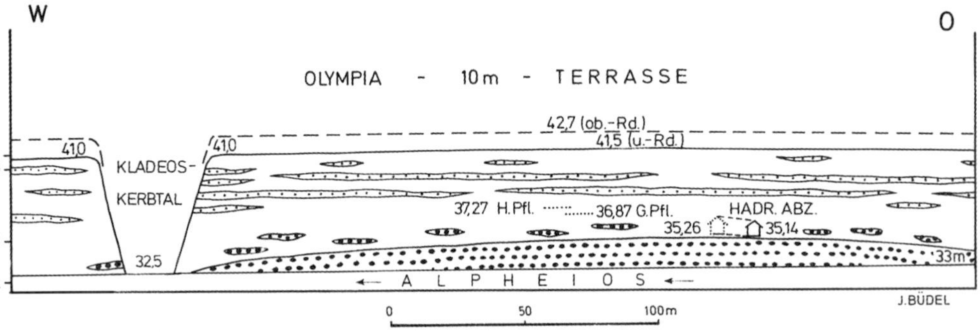

Abb. 6 W-E-Profil von Büdel (1981) durch die Terrasse von Olympia, aufgeschlossen entlang der ca. 10 m hohen Terrassenkante, welche durch Unterschneidungen im Zuge von Alpheios-Hochwasserereignissen zu Stande gekommen ist. Das grobe Punktmuster markiert das Basiskonglomerat, welches Büdel (1981) einer ersten Waldrodungsphase im 5. Jtsd. v. Chr. zuordnet. Die weiße Einheit mit Linsen feiner Punkte entspricht laut Büdel (1981) Feinmaterial der mittelalterlichen Aufschüttung ca. 550–1500 n. Chr.; G./H. Pfl. – Griechisches/Hadrianisches Pflaster des Heiligtums (hinter der Abbildungsebene); HADR. ABZ. – Hadrianisches Abzugsrohr, ca. 130 n. Chr.

zentrale Ägäis und (4) die Nordanatolische Störung, welche zwischen der anatolischen und der ägäischen Lithosphärenplatte vermittelt. Für die westliche Peloponnes haben Hadler und andere[18] eine Übersicht über Tsunami-Ereignisse, die in modernen Katalogen verzeichnet sind, geliefert und die Zuverlässigkeit historischer Daten evaluiert.

3. Bisherige Erklärungsansätze und Stand der Forschung

Für die Erklärung der Überschüttung Olympias wurden im Verlauf der vergangenen rund 140 Jahre unterschiedliche Hypothesen aufgestellt. Bemerkenswert ist, dass zwar schon in einem sehr frühen Stadium der Ausgrabungen seitens der Ausgräber geowissenschaftliche Fachkompetenz zu Rate gezogen[19] und Wert auf akkurate Schichtenbeschreibungen gelegt wurde[20], eine eigenständige geomorphologisch-sedimentologische Studie zur Genese der Olympia-Terrasse aber nie zur Durchführung kam. Erst deutlich später führte Büdel sedimentologische Detailuntersuchungen an natürlichen Aufschlüssen südlich der Altis durch[21] und erforschte Kurzetz die Genese des oberflächennahen Untergrundes im Umfeld Olympias im Rahmen ihrer Diplomarbeit[22]. Davon abgesehen wurden bislang keine weiterführenden geomorphologisch-geoarchäologischen Forschungen zu Ursache und Herkunft der Schwemmsedimente bewerkstelligt. Im Gegensatz dazu existiert eine großen Fülle an veröffentlichten Vorstellungen von der Verschüttung Olympias[23], die auf den Büdelschen Ergebnissen, auf der Teilauswertung archäologischen Datenmaterials, auf Oberflächenkartierungen, Fernerkundungsdaten und, in den meisten Fällen, auf theoretischen, rein deduktiven Erklärungsansätzen gründen.

3.1 Menschgemachte Bodenerosion

Büdel[24] untersuchte die Schichtenabfolge entlang des in den 1960er Jahren gut aufgeschlossenen südlichen Steilrandes der Olympia-Terrasse, der vom Alpheios im Zuge von Hochwasserereignissen erosiv an- und freigelegt wurde (Abb. 6). Über rund 300 m hinweg erfasst er an der Basis eine bis zu 3 m mächtige konglomeratische Schicht aus verbackenen Flussschottern, die nach Osten und Westen hin ausdünnt und ausweislich von Geröllanalysen aus Material des Kladeos-Einzugsgebietes besteht. Büdel deutet diese Ablagerungen als alten Schwemmkegel des Kladeos[25]. Darüber findet er eine bis zu 7 m mächtige Abfolge aus schluffdominiertem Material, welche unten von Kiesbändchen, im mittleren und oberen Teil von Sandlagen, letztere mitunter assoziiert mit Haustierknochen, Ziegelfragmenten und zahlreichen Resten mariner Faunen, unterbrochen ist. Ausgehend von der Beobachtung, dass die archäologischen Reste Olympias auf Höhe der Basiskonglomerate oder knapp darüber gründen und also von mächtigen schluffig-sandigen Sedimenten überdeckt sind, postuliert er ein neolithisches Alter der Konglomerate (ca. 5000–4000 v. Chr.) und deutet sie als

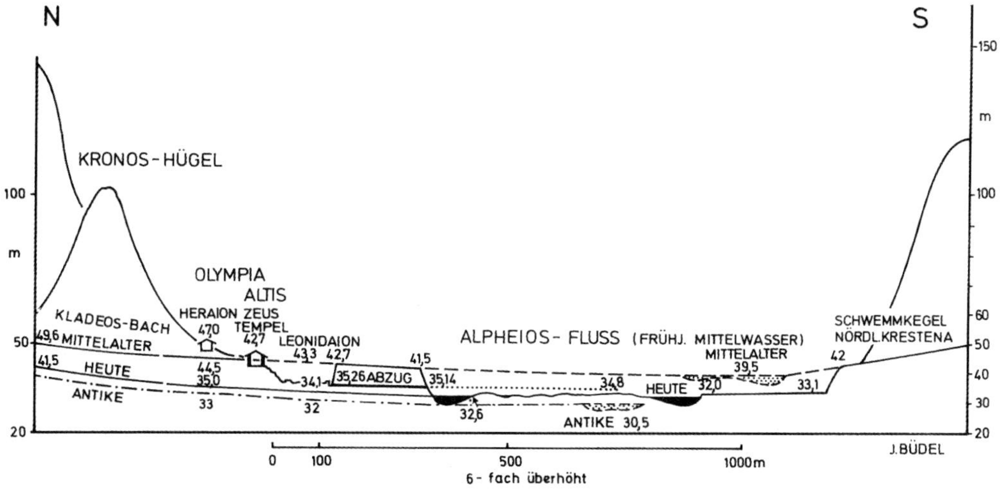

Abb. 7 Längsprofil durch das Kladeos- und Querprofil durch das Alpheios-Tal bei Olympia von Büdel (1981). Seit dem Altertum ist das Sedimentationsniveau zunächst um rund 10–12 m angestiegen; heute liegt es rund 8–10 m eingetieft und damit rund 2 m über dem antiken Niveau.

Ergebnis der ersten Waldrodungsaktivitäten in der Region. Weiterhin davon ausgehend, dass sich Reste der Altertümer bis in die Römerzeit hinein anscheinend auf einen schmalen Bereich oberhalb der Konglomerate konzentrieren, schließt er die Vermutung an, während der über ein Jahrtausend hinweg wiederholt ausgeübten Spiele wären die natürlichen Verhältnisse in und um Olympia kaum Schwankungen unterworfen gewesen, die ganze Gegend „war durch einen »Gottesfrieden« geschützt“[26]. Im Anschluss an das Verbot der Spiele im 4. Jh. n. Chr. sieht er die Einführung des Christentums als entscheidende Ursache für die Verwahrlosung der traditionellen Landnutzungsstruktur an; dies habe in der Folge zwischen ungefähr 500 n. Chr. und der Zeit türkischer Besatzung aufgrund zunehmender anthropogener Bodenerosion an den umliegenden Hängen zu einer allmählichen Aufschüttung um bis zu 7 m geführt. Die sich anschließende Eintiefung des Kladeos sei dann bereits im 18. Jh. n. Chr. abgeschlossen gewesen. Unter Berücksichtigung der Höhenlage des hadrianischen Abzugsrohres am Terrassenaufschluss, welches im heutigen natürlichen Hochwasserbereich des Alpheios liegt und dadurch dessen Niveauanhebung um mindestens zwei weitere Meter seit der Antike belege, kommt Büdel auf eine Gesamtaufhöhung des Geländes um 9–10 m seit antiker Zeit[27]. Dezidiert nennt Büdel als Hauptursache der mittelalterlichen Verschüttung Olympias nicht die Waldrodung selbst, sondern „die Zerstörung der wohlgeordneten bäuerlichen Wirtschaft mit dem Erlöschen des schützenden »Gottesfriedens« dieser Landschaft“ und spricht von einem durch Menschen verursachten Landschaftswandel[28].

Abb. 7 zeigt die Büdelsche Rekonstruktion des antiken, mittelalterlichen und heutigen Abflussniveaus im Querschnitt durch das mittlere Alpheios-Tal bei Olympia. Ebenfalls verzeichnet sind Reste der Olympia-Terrasse nördlich von Makrisia in identischer Höhenlage. Laut Büdel ist die Olympia-Terrasse bis zur Küste zu verfolgen, ihre Entstehung jedoch nicht mit holozänen Meeresspiegeländerungen in Verbindung zu bringen[29].

3.2 Katastrophische Niederschlagsereignisse und Landschaftsdegradation

Huntington widmete sich ausführlich unterschiedlichen Hypothesen, die bereits zu seiner Zeit zur Deutung der sedimentären Überdeckung Olympias im Umlauf waren, und versuchte, sie mit Hilfe der damals vorliegenden Erkenntnisse zu bewerten[30]. Selbst präferierte er die Annahme, das Klima Griechenlands habe im Verlauf der vergangenen Jahrtausende starken Schwankungen unterlegen. Vornehmlich während Trockenphasen und Dürren, in denen die Vegetation geschwächt und ausgedünnt sowie der Boden ausgetrocknet ist, sei es aufgrund des zunehmenden Auftretens von Starkniederschlagsereignissen zu schichtflut- oder murartigen Abspülungen von den Hängen gekommen, die ihren Niederschlag als katastrophische Spülschichten auch in den Olympia überlagernden Schichten gefunden hätten. So nimmt

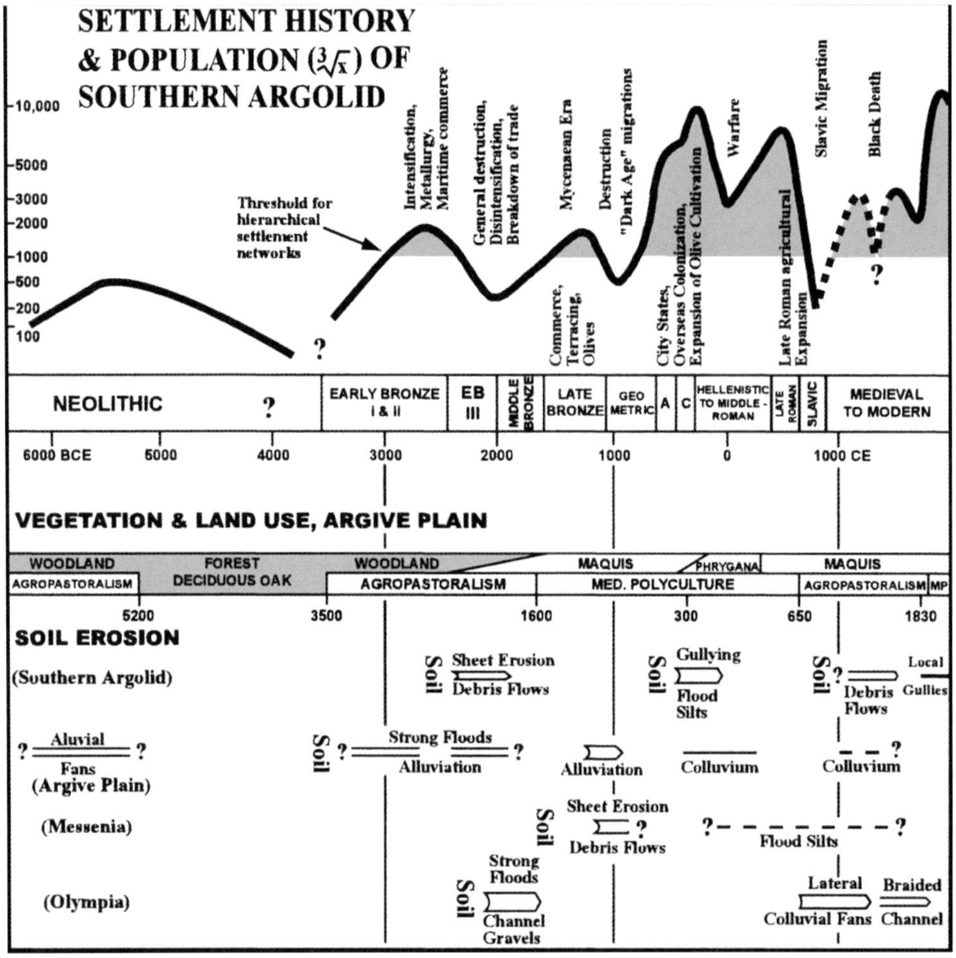

Abb. 8 Zusammenschau von Etappen der Siedlungsentwicklung, des Landnutzungswandels und der Bodenerosion für die südliche Argolis, Messenien und die Gegend von Olympia. Die Darstellung Butzers (2005) suggeriert für Olympia eine rund 2000jährige Zeit der Formungsruhe und eine Verursachung der jungen Verschüttung Olympias durch die Einwanderung slawischer Hirten.

Huntington für die Zeit um 600 n. Chr. den Beginn einer lang anhaltenden Trockenperiode an, im Zuge derer die jüngeren Abschnitte der Olympia-Terrasse zur Entstehung gekommen seien[31]. Für die Blütezeit der antiken Kultstätte postuliert er hingegen das Vorherrschen eines feuchteren und möglicherweise kühleren Klimas, wodurch eine lange Zeit geomorphologischer Formungsruhe zu erklären sei.

Butzer sieht zwar die Kenntnis von Landnutzungsstrukturen, die über gesellschaftliche Nutzungsstrategien gesteuert werden, als wesentliche Voraussetzung für das Verständnis von impulsartigen Gleichgewichtsstörungen im Mittelmeerraum an[32] (Abb. 8). Für die Entstehung des von Büdel[33] beschriebenen Basiskonglomerats und vergleichbarer Schotterlagen entlang des Alpheios nimmt er jedoch rein klimatische Faktoren wie längerfristige Klimaanomalien als Ursache an[34]. Hinsichtlich der mittelalterlichen Sedimentschüttungen des Kladeos geht er hingegen von einer anthropogen induzierten, aber entscheidend durch das wiederholte Auftreten von Extremniederschlagsereignissen bedingten Bodenerosion und Landschaftsdegradation aus und bringt dies mit dem Einwandern slawischer Hirten in die Gegend von Olympia in Verbindung.

Dufaure[35] und Fouache[36], die ebenso wie Butzer keine eigenen weiterführenden geomorphologisch-geoarchäologischen Geländearbeiten an Aufschlüssen in Olympia durchführten, kommen zu einem ähnlichen Schluss. So sei die im Anschluss an das 6. Jahrhundert n. Chr. Olympia überdekkende Sedimentschicht – und damit die Olympia-Terrasse – nur mittels Kombination klimatischer und anthropogener Faktoren zu verstehen. Be-

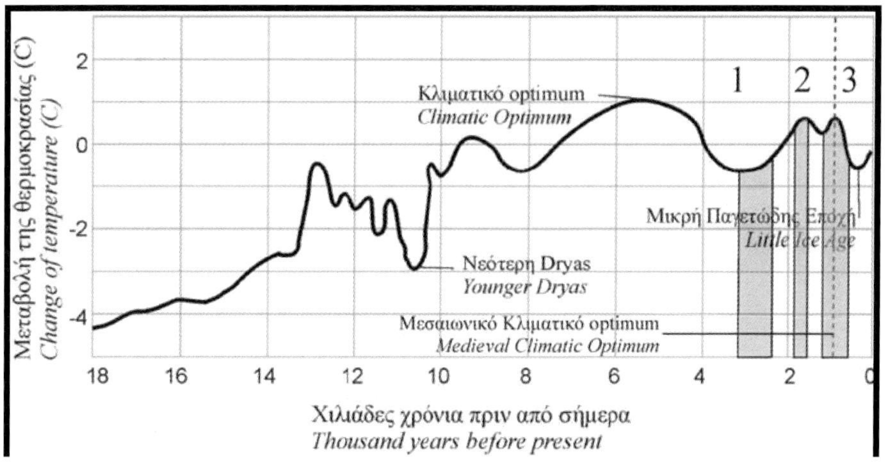

Abb. 9 Vergleich von Temperaturveränderungen für die letzten 18.000 Jahre mit drei von Fountoulis et al. (2008) angenommenen Hochflut-Ereignisphasen um 1300–400 v. Chr., 200–400 n. Chr. und 700–1400 n. Chr. Die letzte Phase wird mit Klimaschwankungen während des mittelalterlichen Klimaoptimums und der Kleinen Eiszeit in Verbindung gebracht.

sondere Rollen spielen hierbei die Entwaldung und Übernutzung von Weideflächen einerseits, das Auftreten von Starkniederschlagsereignissen im Zuge trockener Klimaphasen andererseits. Fouache und Pavlopoulos[37] hingegen sehen die Entstehung des mittelalterlichen Abschnittes der Olympia-Terrasse allein im Zusammenhang mit sozio-ökonomischen und historischen Veränderungen, namentlich verursacht durch die Einwanderung slawischer Schafzüchter im 7. Jh. n. Chr. Ohne Nennung von Belegen postuliert Dufaure[38] eine postsedimentäre Zerschneidung der Olympia-Terrasse durch Feuchteschwankungen im Zuge der Kleinen Eiszeit (1500–1850 n. Chr.).

Auf der Grundlage archäologischer Befunde entlang der Kladeosmauer und am Zeusheiligtum grenzen Fountoulis und andere[39] drei Phasen starker Zerstörung von Bauwerken Olympias durch Hochwasserereignisse seitens des Kladeos aus (Abb. 9). Die erste Phase wird um 1300–400 v. Chr., die zweite um 200–400 n. Chr. und die dritte um 700–1400 n. Chr. angesetzt. Ohne Angabe von Belegen vermuten die Autoren, die letztgenannte Periode stehe im Zusammenhang mit Temperaturschwankungen während des mittelalterlichen Klimaoptimums und der Kleinen Eiszeit. Das gefundene verstärkte Auftreten von Flutereignissen zwischen 1300 und 400 v. Chr. steht in diametralem Gegensatz zu dem für dieselbe Zeit von Büdel postulierten »Gottesfrieden«[40] und der von Huntington angenommenen Stabilitätsphase[41] und zeigt, wie heterogen vorhandene archäologische Befunde von Seiten der Umweltwissenschaften aufgearbeitet werden.

Vita-Finzi weist der Verschüttung der antiken Kultstätte in Olympia durch Ablagerungen des Kladeos eine Schlüsselrolle in seiner Theorie des „historical fill" zu[42]. Als Datenbasis beschränkt er sich jedoch auf archäologische Befunde aus dem oberen Terrassenabschnitt, für den aufgrund von Münzfunden eine Entstehung nach dem 6. Jh. n. Chr. angenommen wird[43]. Eigene Geländeuntersuchungen zur Entstehung der Olympia-Terrasse führt der Autor nicht durch. Unter vergleichendem Hinzuziehen anderer holozäner Terrassenablagerungen im Mittelmeerraum postuliert Vita-Finzi vorwiegend klimatische Gründe für die jüngere Talverschüttung und begründet dies mit der Kleinen Eiszeit, langanhaltenden Klimaanomalien und mit der Unzulänglichkeit alternativer Erklärungsansätze[44]. Auf die dünne Datengrundlage und die darauf gründenden weitreichenden Schlussfolgerungen Vita-Finzis weist bereits Wagstaff mit großer Skepsis hin[45].

3.3 Hydrogeographische Sonderkonstellation

Hydrologische Simulationen von Fountoulis und Mavroulis[46] für das Einzugsgebiet des Kladeos auf der Grundlage von Niederschlagsdaten der Stationen Vasilaki (250 m ü. M., 12 km östlich von Olympia) und Strefi (80 m ü. M., 6 km westlich von Olympia) sowie von Karten der Wasserabflussrichtung zeigen im Hochwasserfall zeitgleich auftretende maximale Abflussmengen für unterschiedliche Teileinzugsgebiete sowie im jeweiligen Mündungsbereich abrupt ansteigende Abflussleistungen. Hieraus leiten die Autoren Gebiete

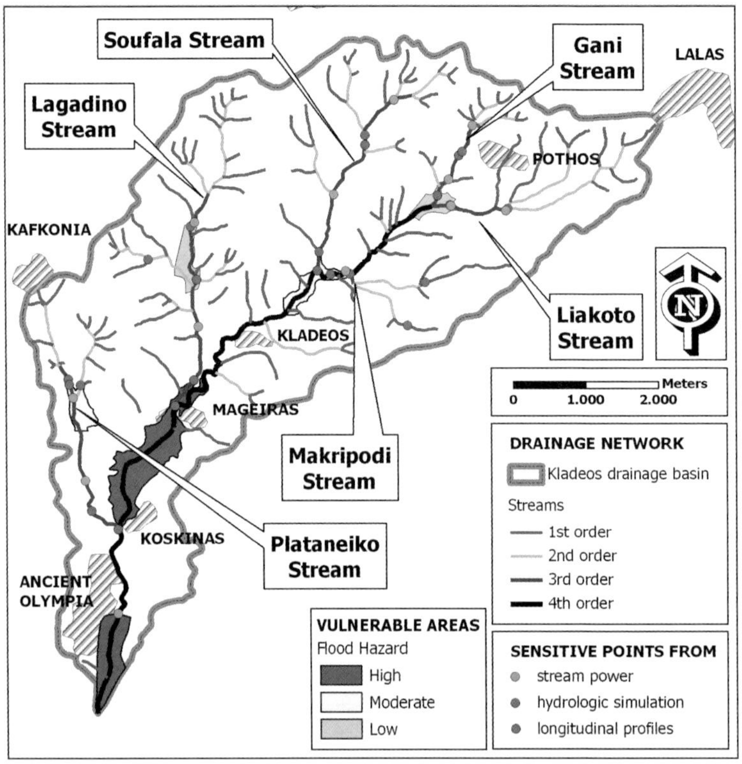

Abb. 10 Das Einzugsgebiet des Kladeos mit Einschätzungen des Überflutungsrisikos nach Fountoulis und Mavroulis (2008).

gegebenenfalls verknüpft mit dem Ausbruch eines temporär existierenden Stausees, habe im westlichen Teil der Stätte eine bis zu 50 cm mächtige Sandschicht auf einem älteren Boden hinterlassen, die laut Boetticher[51] nicht vom Alpheios stammt, sondern von den Hängen des Kronos und weiterer umliegender Hügelzüge abgespültes Material des Anstehenden darstellt. Bücking[52] berichtet zudem von einer Verfüllung des antiken olympischen Stadions mit Rutschmassen vom Kronos-Hügel. Weiterhin werden auf der rechten Kladeosseite gegenüber der Altis von Adler[53] größere Schlipfe vermutet, die über längere Zeit zu einem Ausweichen des Kladeos nach SE über den Heiligen Bezirk geführt haben sollen. Für den oberhalb Olympias liegenden Abschnitt des Kladeos-Tals sowie für die mittleren und unteren Laufabschnitte des Alpheios liegen keine Berichte über gravitative Massenbewegungen vor.

geringen, mittleren und hohen Überflutungsrisikos ab (Abb. 10). Ein hohes Überflutungsrisiko weisen demnach der Kladeos-Talabschnitt zwischen Koskinas und Magiras sowie der Abschnitt unterhalb des modernen Dorfes Olympia auf.

3.4 Hangrutschungen

Hangrutschungen in den dafür anfälligen pliozänen Mergeln, welche die Hügelzüge in der unmittelbaren Umgebung von Olympia und im Kladeos-Tal kennzeichnen, wurden schon früh als potentielle Ursache für eine Überdeckung der Kultstätte mit Sedimenten verantwortlich gemacht. So geht Bükking[47] davon aus, dass ein Erdbeben im 6. Jh. n. Chr., welches mit der finalen Zerstörung Olympias in Verbindung gebracht wird, zur Loslösung von Mergelmassen an der südlichen Flanke des Kronos geführt hat[48]. Spuren dieses Rutschereignisses ließen sich von den Schatzhäusern und dem Heraion bis zum Zeus-Tempel hin verfolgen (Abb. 11). Am nördlichen Ende der Kladeosmauer kam es laut Bücking[49] zur selben Zeit zu einer Rutschung, die möglicherweise den Kladeos aufgestaut habe[50]. Die daraufhin erfolgende Kladeos-Überflutung,

3.5 Episodische Entleerung des Pheneos-Karstsees im arkadischen Hochgebirge

Der Alpheios entspringt im zentralpeloponnesischen Arkadien unweit der Stadt Tripoli beim Ort Asea (Abb. 12). Bis zu seiner Mündung in den Golf von Kyparissia nimmt er vier große Zuflüsse auf. Von SE nach NW sind dies der Elisonas, der Lousios, der Ladon und der Erymanthos. Der Ladon entwässert das vorwiegend aus Kalksteinen und Konglomeraten des Eozäns und der Kreidezeit bestehende Chelmos- und Kyllini-Hochgebirgsmassiv[54], in welchem die höchsten Bereiche der Peloponnes zu finden sind (bis 2374 m ü. M.). In erheblichem Maße werden die Quellflüsse des Ladons hierbei durch unterirdischen Wasserzufluss aus den nordöstlich sich anschließenden, stark verkarsteten Gebirgsregionen gespeist. Zu letzteren zählt insbesondere das Polje von Pheneos, welches sich nordöstlich der Ladon-Quelltöpfe unweit Likouria in rund 700–760 m ü. M. auf einer Länge von 12 km und einer maximalen Breite von 6,5 km erstreckt. Das Polje ist über ein Schluckloch (Ponor, Katavothre) im SE und eines im SW unmittelbar mit den

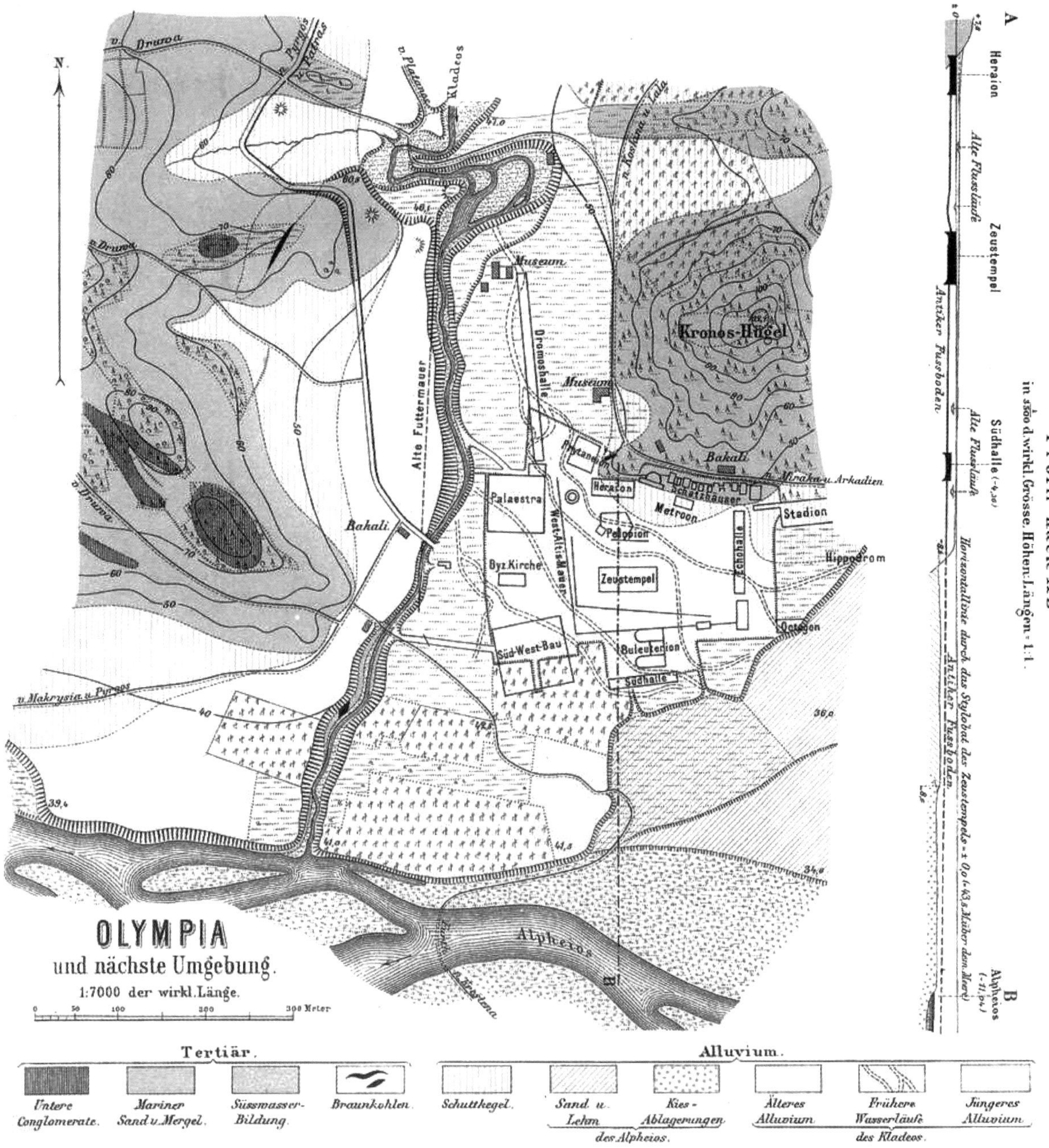

Abb. 11 Geologische Karte von Olympia und Umgebung von Bücking (1882) mit N-S-Schnitt durch den Kultstättenbereich.

Ladon-Quellen verbunden. Bereits Strabo zitiert Berichte von Eratosthenes (276/273–194 v. Chr.), dass die unterirdischen Karstwasserwege im Zuge von Erdbeben wiederholt verschüttet wurden, wodurch im Polje ein großer See aufgestaut wurde. Die Entleerung dieses Pheneos-Sees erfolgte laut Strabo anschließend über die Ladon-Quellen zum Alpheios in das Ionische Meer. Dabei soll es im Alpheios-Tal zu starken Überflutungen, die auch Olympia betroffen haben, gekommen sein[55].

Bereits aus dem 4. Jh. v. Chr. ist ein Zyklus, bestehend aus Schlucklochverstopfung, Seephase und Seeaustrocknung, innerhalb eines Jahres bekannt sowie eine erneute Seebildung im 3. Jh. v. Chr. Gemäß einer Überlieferung von Plinius dem Älteren (ca. 23–79 n. Chr.) sind zu seiner Zeit bereits fünf Seephasen im Pheneos-Polje bekannt.

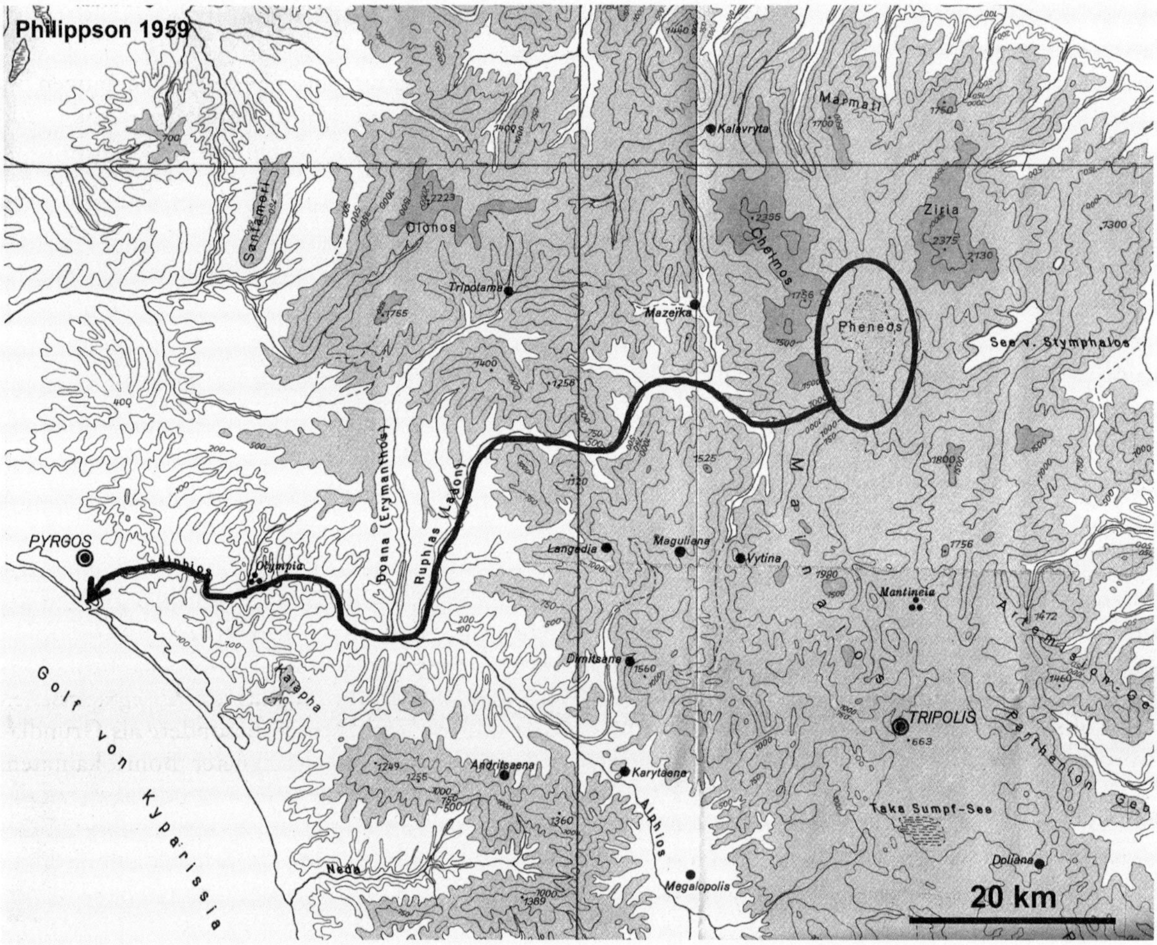

Abb. 12 Übersichtskarte des Verlaufs des Ladon, eines der bedeutenden Alpheios-Zuflüsse, der das Pheneos-Polje entwässert.

Laut Plutarch und Pausanias soll es im 2. Jh. n. Chr. einen weiteren Zyklus gegeben haben[56]. Danach sind hohe Seewasserstände erst wieder für das 18. Jh. n. Chr. nachgewiesen[57]. Aus den Berichten philhellenischer Reisender im Griechenland des 19. und 20. Jahrhunderts geht hervor, dass es im Jahr 1821 zu einer Verstopfung des Ponorsystems kam und der Pheneos-See bis zu einer Fläche von 25 Quadratmeilen (ca. 65 km^2)[58] und einer Tiefe von 150 Fuß (ca. 46 m)[59] anwuchs. Hasluck geht allgemein betrachtet von maximalen Seetiefen bis 50 m aus[60]. Am 1. Januar 1834 soll sich das unterirdische Entwässerungssystem geöffnet und zum Trockenfallen des Seebodens geführt haben, gleichzeitig soll sich der Ladon in einen reißenden Strom verwandelt[61] und große Überschwemmungen am unteren Alpheios hervorgerufen haben[62]. Bereits 1838 wurde der Abfluss erneut blockiert. Bis ins Jahr 1894/95 stieg in der Folge der Wasserspiegel im Pheneos-Polje erneut an. Für das Jahr 1883 ist eine Tiefe von 30 m bei einer Fläche von ca. 24 km^2 überliefert[63]. Für das Jahr 1856 berichtet Clark[64] gar von einer Seefläche von 49 Quadratmeilen (127 km^2), eine Größenordnung, die allerdings aufgrund der deutlich kleineren Größe des Pheneos-Poljes unrealistisch ist. Im Jahr 1892 soll es an den Ladon-Quellen aufgrund eines Erdbebens zu einem dreistündigen Trockenfallen des Quellstroms, kurz darauf nach einer lauten Explosion zu einem starken Wasserausbruch gekommen sein[65]. Erst 1937 war der Poljenboden wieder trockengefallen[66].

Von zahlreichen Autoren wird die von Strabo erstmals überlieferte Hypothese übernommen, dass das antike Olympia im Zuge verstärkten Abflusses aus dem Pheneos-See über die Ladon-Quellen katastrophisch überflutet und im Frühmittelalter im Zuge eines Seeausbruches endgültig von Sedimenten überdeckt worden sei[67]. Ausgehend von einer als maximal erachteten Seetiefe von

100 m rechnen Grove und Rackham[68] mit einem potentiellen katastrophischen Abfluss von 3 km^3 Wasser in einer Größenordnung von mehreren Tausend m^3/s, der zur Entwurzelung zahlreicher Bäume in den Tälern von Ladon und Alpheios sowie zu beträchtlichen Sedimentschüttungen bis hinab ins Becken von Makrisia und darüber hinaus führen würde[69]. Kraft und Kollegen[70] erkennen in den Alpheios-Terrassen zahlreiche Hinweise auf sintflutartige Hochwasserereignisse und halten deren Entstehung im Zusammenhang mit katastrophischen Ausbrüchen des Pheneos-Sees ebenso wie eine diesbezügliche Beeinträchtigung Olympias für denkbar.

3.6 Ereignisgesteuerte Kopplung von Terrassenbildung und Küstenwandel

Streif, der die Blätter Olympia und Pyrgos der amtlichen griechischen Karte 1:50.000[71] für die geologische Landesaufnahme Griechenlands bearbeitete, sowie Kraft und andere[72] korrelieren die drei holozänen Terrassen Ht1, Ht2 und Ht3 mit drei unterschiedlich alten Strandwallgenerationen entlang des Golfes von Kyparissia (vgl. Abb. 4). Die Olympia-Terrasse Ht3, für die eine Genese zwischen römischer Zeit und der Moderne angenommen wird, wird mit dem rezenten Strandwallsystem entlang der Küste in Verbindung gebracht. Die untere historische Niederterrasse Ht2 wird mit einer inmitten des trockengelegten Agoulenitsa-Sees erfassten älteren Strandwallgeneration korreliert. Die obere holozäne Niederterrasse Ht1 entspricht laut den Autoren der am weitesten landeinwärts vorgefundenen und damit ältesten Strandwallgeneration im Umfeld des ebenfalls trockengelegten Mouria-Sees westlich von Pyrgos. Auf dieser Grundlage stellen Kraft und andere das Schema eines ereignisgesteuerten Küstenvorbaus in drei Etappen seit der frühen Bronzezeit auf[73]. Für den jüngsten Ablagerungszyklus gehen sie hierbei von mehreren größeren Sedimentationsereignissen aus, die allerdings zeitlich nicht genauer aufgelöst werden können.

4. Neue Befunde

Das Rätsel um die Verschüttung Olympias ist untrennbar mit der Entstehungsgeschichte der Olympia-Terrasse verbunden[74]. Hauptziel unserer Untersuchungen war daher, geomorphologisch-sedimentologische Forschungen in unterschiedlichen Teilabschnitten der Terrasse mit einer möglichst hohen räumlichen Auflösung durchzuführen, um stratigraphische Vergleiche tätigen zu können. Die seit 2010 realisierten Gelände- und Laborstudien entlang eines Transektes zwischen der Küste und Olympia sind in das seitens des DAI initiierte Projekt „Olympia und seine Umwelt“ sowie in das von der DFG unterstützte Projekt „Quaternary tsunami events in the eastern Ionian Sea – reconstructing and modelling extreme events based on interdisciplinary geo-scientific investigations“[75] eingebunden.

4.1 Methoden

Auf und entlang der Olympia-Terrasse wurden zwischen dem oberen Kladeos-Tal und der Küste des Golfs von Kyparissia rund 150 geoelektrische Transekte gemessen[76]. Sie dienten der Erkundung des oberflächennahen Untergrundes hinsichtlich der Höhenlage des anstehenden Gesteins, des Verlaufs von Störungen und von stratigraphischen Besonderheiten sowie insbesondere als Grundlage für die Auswahl geeigneter Bohrlokalitäten. Hierzu wurde ein Multi-Elektroden-Instrument des Typs Syscal R1+ Switch 48[77] eingesetzt. An rund 50 ausgewählten Punkten erfolgten Schlaghammerbohrungen zur Erfassung des holozänen Sedimentpaketes, von denen hier 11 Bohrprofile vorgestellt werden. Die Bohrungen wurden mittels Hand-Schlagbohrhammer[78] und Spezialsondiergerät[79] mit Bohrkerndurchmessern von 5 und 6 cm bis in maximale Teufen von 20 m unter Geländeoberfläche (m u. GOF) niedergebracht. Geographische Position und Höhenlage von Elektrik-Messpunkten sowie Bohrlokalitäten wurden mittels eines hochauflösenden DGPS-Gerätes[80] vermessen und die Höhendaten auf das mittlere Meeresspiegelniveau bezogen. Im Gelände erfolgte eine erste geomorphologisch-sedimentologische Beschreibung, photographische Dokumentation und Beprobung der Sedimentkerne. Ausgewählte Bohrkerne wurden in ungestörter Form in Plastikröhren im Labor des Geographischen Instituts der Johannes Gutenberg-Universität Mainz analysiert. Das Analysespektrum umfasste unter anderem Korngrößenanalysen mittels Köhnscher Pipettanalyse und die Erfassung geochemischer Parameter wie pH-Wert, elektrische Leitfähigkeit, Karbonatgehalt und Gehalt an organischer Substanz[81]. Des Weiteren wurden Röntgenfluoreszenzanalysen von Sedimentproben mit Hilfe eines portablen XRF-Messgeräts[82] durchgeführt.

Abb. 13 Blick auf einen Abschnitt des mittleren Kladeos-Tals südlich von Magiras. Die Olympia-Terrasse reicht von der Straße Magiras – Platanos im Vordergrund bis zur Straße Magiras – Koskinas im mittleren Hintergrund. Gut zu erkennen ist ihre Zerschneidung durch eine an dieser Stelle 220 m breite Erosionsrinne.

Archäologische Alterseinschätzungen erfolgten anhand von diagnostischen Keramikfragmenten, die in Bohrkernen vorgefunden wurden.

Weiterhin wurden numerische Simulationen der Hydrodynamik im Golf von Kyparissia für Tsunami-Ereignisse unterschiedlicher Stärke und aus unterschiedlichen Richtungen bewerkstelligt. Hierfür wurde die vom Niederländischen Deltares Institut entwickelte Simulationssoftware Delft3D, Version 4.0, verwendet, insbesondere das Modul Delft3D-FLOW[83]. Grundlage bildete ein digitales Geländemodell der Auflösung 30 × 30 m². Die räumliche Auflösung der Tsunami-Szenarien[84] liegt zwischen 60 × 60 m² und 900 × 900 m².

4.2 Geomorphologische Studien zur Olympia-Terrasse – Verbreitung, Erosionsspuren, Relief

Streif fand Reste der von ihm mit Ht3 bezeichneten Olympia-Terrasse im Einzugsgebiet des Kladeos, auf der linken Alpheiosseite unterhalb des Dorfes Makrisia sowie in zwei kleineren Relikten knapp 4 km ost-südöstlich von Olympia am Ausgang des Vageni-Baches bei der Ortschaft Nea Kalivakia[85]. Für das Kladeos-Tal ist die Olympia-Terrasse auf beiden Seiten des Baches bis zum Ort Magiras verzeichnet, oberhalb dessen sie sich in größere und kleinere Terrassenreste auflöst. Ihre nördlichste Verbreitung erhält sie durch eine laut Streif über 1 km lange schmale Terrassenleiste im Tal des Lagiadinou-Baches, der kurz unterhalb der Ortschaft Kladeos in den Kladeos-Bach mündet.

Im Rahmen unserer Untersuchungen wurden geomorphologische Übersichtskartierungen mit Fokus auf der Verbreitung der Olympia-Terrasse durchgeführt, im Zuge derer die Aussagen von Streif überprüft und ergänzt werden konnten. Im Tal des Plataneiko-Baches sowie im Bereich seiner Mündung in den Kladeos beträgt die maximale Breite der Olympia-Terrasse zwischen 300 und 500 m. Besonders auffällig ist, dass sie im Plataneiko-Tal selbst unzerschnitten vorliegt und hierbei von rund 65 m ü. M. beim Übergang der modernen Straße Pyrgos-Olympia über das tiefste Joch des Drouva-Rückens bis auf rund 48 m ü. M. auf Höhe der Mündung sanft abfällt (Abb. 10). Insgesamt zeigt das Plataneiko-Tal deutliche

Züge eines Trockentals, da ein aktuelles Bachbett des Plataneiko auf ganzer Länge fehlt. Selbst bei Annahme eines torrentiellen Abflusses bleibt eine starke Diskrepanz zwischen der Größe der Talform und dem dazugehörigen episodischen Gewässer bestehen. Im Gegensatz zum Plataneiko-Tal sind die Terrassenreste auf beiden Seiten des Kladeos durch eine tiefe Erosionsrinne voneinander getrennt. Deren maximale Breite von rund 220 m findet sich unmittelbar südlich des Ortes Magiras im mittleren Kladeos-Tal (Abb. 13). Weiter unterhalb, bei Koskinas ist sie noch über 100 m breit, wird aber laufabwärts schmäler mit rund 60 m Breite nordöstlich der modernen Ortschaft von Olympia und nur rund 20–30 m westlich und unterhalb der Altis. Der Kladeos nimmt selbst bei winterlichem Hochwasser eine Breite von höchstens 5–8 m ein bei einer für den Winter 2010/11 gemessenen maximalen Wassertiefe von rund 1,5 m. Die Höhe der Terrassenkante variiert entlang des Kladeos zwischen maximal 7,1 m und 5,6 m unterhalb von Magiras und 5,9 m und 5,7 m westlich und unterhalb der Altis. Unterhalb von Makrisia schwankt die Höhe der Terrassenkante zwischen 2 m und maximal 6,3 m.

Im Gegensatz zur Kartierung von Streif[86] existieren Reste der Olympia-Terrasse auch unterhalb der Staustufe am Durchbruch des Alpheios durch den Drouva-Rücken, und zwar bis in eine Entfernung von nur 4,3 km zur heutigen Küste. Unweit der Flussmündung auf der linken Flussseite auf der Höhe zwischen den Ortschaften Alfios und Kata Varvasena weist die Terrassenkante mit 5,3 m eine ähnliche Höhe auf wie im Kladeos-Tal selbst.

Die Oberfläche der Olympia-Terrasse ist im Allgemeinen nur leicht geneigt, wobei das Gefälle im Großen und Ganzen jenem der heutigen Fließgewässer entspricht. Dort, wo beispielsweise kleine Seitentäler in das Kladeos-Tal oder in das untere Alpheios-Tal münden, geht die Terrasse unmittelbar und ohne Stufe in Schwemmfächer mit größerer Hangneigung über. Es muss also von einer zusammenhängenden Genese von Schwemmfächern und Olympia-Terrasse ausgegangen werden; letztere diente offensichtlich als lokales Basisniveau.

Auch die Beobachtungen, wo die Terrasse nicht vorkommt, sind von großer Bedeutung. Auffälligerweise finden sich keine Terrassenreste im Tal des Selinous-Baches, der ein Einzugsgebiet südlich von Makrisia entwässert, welches in der Größe jenes des Kladeos übertrifft und durchweg vergleichbare Ausgangsvoraussetzungen besitzt, was das anstehende Gestein anbelangt. Wie im Kladeos-Tal handelt es sich auch hier um leicht erodible plio-pleistozäne Mergel, Schluff- und Sandsteine sowie Konglomerate[87]. Reste der Olympia-Terrasse fehlen ebenfalls in den kleineren und größeren Bachtälern, die aus nördlicher Richtung unmittelbar östlich des Kladeos-Tals in den Alpheios münden. Hierzu gehört insbesondere das über 7 km lange Tal des Klestorema-Baches, dessen Einzugsgebiet bis über 600 m ü. M. hinaufreicht, und der rund 8 km ost-nordöstlich von Olympia unweit des Alpheios-Knies bei Nea Kamena auf den Alpheios trifft (Abb. 4).

Es bleibt also festzuhalten, dass die Olympia-Terrasse ihre Hauptverbreitung zwar im Kladeos-Tal besitzt, Reste der Terrasse aber fast bis zur heutigen Küste zu finden sind. Im Alpheios-Tal oberhalb des Durchbruchs durch den Drouva-Rücken finden sich Reste schwerpunktmäßig unmittelbar gegenüber der Kladeos-Mündung unterhalb des Ortes Makrisia sowie an wenigen Stellen flussaufwärts bis zu einer Entfernung von 4 km von der antiken Stätte. In einzelnen Abschnitten des Kladeos-Tals trägt sie Züge einer Trockental-Terrasse; dort wo sie den Kladeos begleitet, besteht zwischen Terrassenbreite, Terrassenhöhe und Breite der die Terrassenreste örtlich voneinander trennenden Rinne einerseits und dem rezenten hydraulischen wie geomorphologischen Potential des Kladeos andererseits eine starke Diskrepanz.

4.3 Der stratigraphische Aufbau der Olympia-Terrasse im Kladeos-Tal

Von den für das Kladeos-Tal erfassten Bohrkernstratigraphien werden im Folgenden exemplarisch stratigraphische Details aus dem mittleren Kladeos-Tal, von der Olympia-Terrasse südlich der Altis und vom westlichen Abhang des Drouva-Rückens vorgestellt.

4.3.1 Die Olympia-Terrasse bei Magiras

Unterhalb des Dorfes Magiras im mittleren Kladeos-Tal findet sich die Olympia-Terrasse zu beiden Seiten des Kladeos, getrennt durch eine hier 220 m breite Erosionsrinne, in welcher der Kladeos selbst verläuft. Abb. 13 zeigt den allgemeinen Aspekt etwas unterhalb des Bohrprofiltransektes, welcher in Abb. 14 dargestellt ist. Die beidseitigen Terrassenkanten sind gut zu erkennen, ebenso der schmale Bachlauf, der von wenigen Bäumen gesäumt wird.

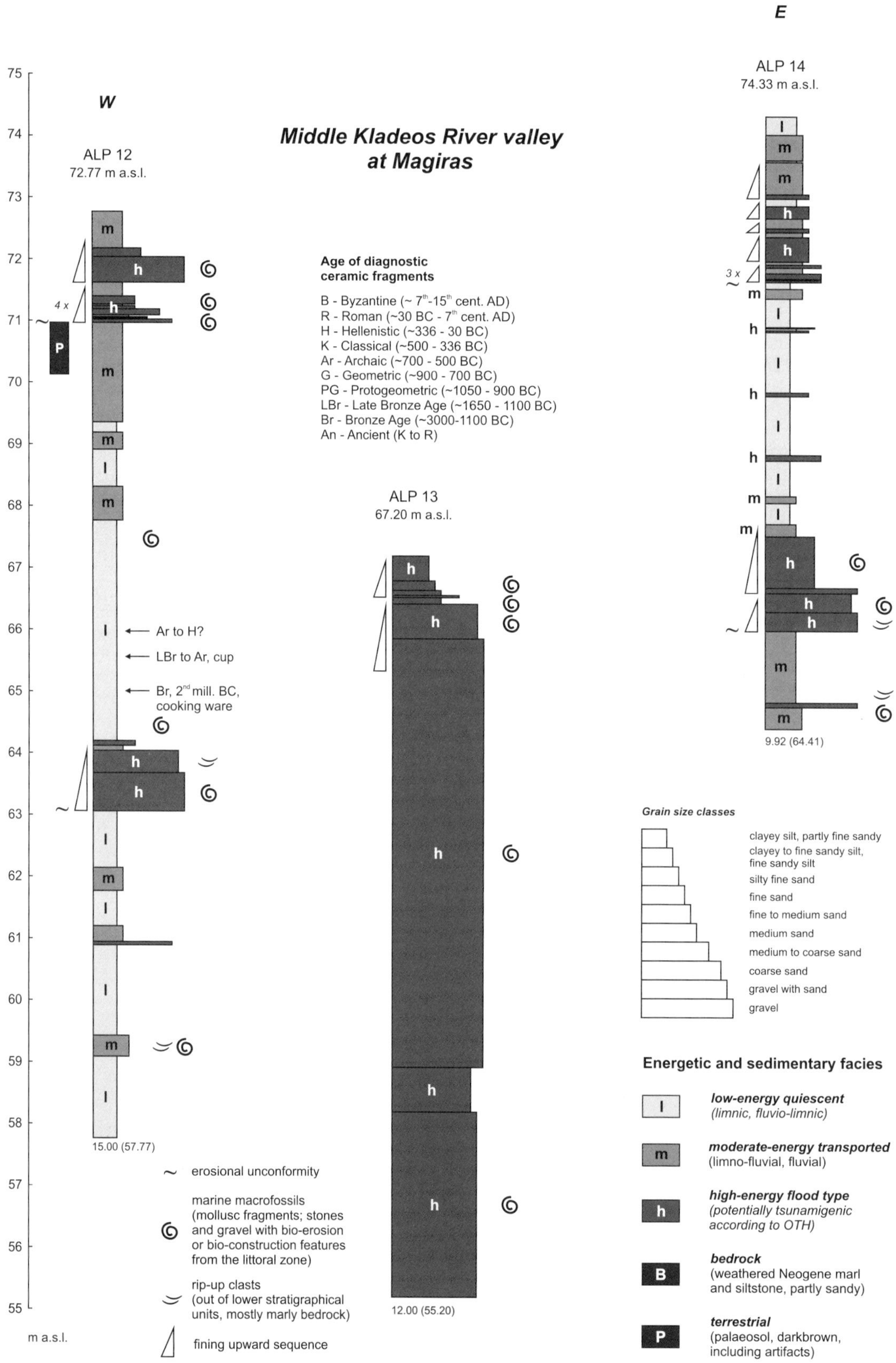

Abb. 14 Stratigraphische Abfolgen und Faziesinterpretationen ausgewählter Bohrprofile aus dem mittleren Kladeos-Tal südlich von Magiras.

Abb. 15 Die Olympia-Terrasse westlich des Kladeos, Blickrichtung Osten. Im linken Hintergrund ist der Kronos-Hügel zu erkennen, im Mittelgrund der Einsatz der Spezialsondiergeräts RS 0/2.3 (Fa. Nordmeyer).

Die Bohrung ALP 12 wurde auf dem westlichen Terrassenrest abgeteuft, dessen Oberfläche hier auf 72,77 m ü. M. liegt. Das 15 m tief reichende Bohrprofil zeigt vorwiegend feinkörnige, schluffdominierte Ablagerungen, die in langsam fließendem oder gar stehendem Wasser zur Ablagerung kamen. An wenigen Stellen allerdings erfolgt eine Unterbrechung mit gröberem Material, welches in der Korngröße von Feinsand bis hin zu Kies variiert und für dessen Transport höhere Energiemengen vonnöten sind. Auffällig ist, dass mit dem Auftreten dieser zwischengeschalteten Schichten auffällige sedimentologische Kennzeichen verbunden sind. Hierzu gehören beispielsweise basale Erosionsdiskordanzen, mehrere Zyklen nach oben hin feiner werdender Korngrößen (so genanntes fining upward) und aus dem Liegenden aufgearbeitete Ton- oder Mergelklasten. Diese Merkmale belegen ein episodisches, rasches, impulsartig in mehreren Schüben von Statten gehendes Überströmen des Geländes mit beträchtlichen Wassertiefen und -geschwindigkeiten, die einen Transport des Grobmaterials erlauben. Des Weiteren finden sich zahlreiche Reste mariner Faunenfragmente vorwiegend in den gröberklastischen Einschaltungen. Das Profil ALP 12 zeigt zudem, dass sich nach jeder hochenergetischen Phase die ursprüngliche Ausgangssituation wieder einstellt, die durch ruhige Sedimentationsvorgänge gekennzeichnet ist.

Auf der gegenüber liegenden östlichen Terrassenseite wurde die Bohrung ALP 14 abgeteuft, ausgehend von einer mit 74,33 m ü. M. um knapp 1,60 m höher liegenden Oberfläche. Die generelle Struktur des Profils sowie die sedimentologischen Charakteristika sind mit jener von ALP 12 vergleichbar. Höherenergetische Zwischenphasen scheinen sich auf vorwiegend zwei Bereiche des Profils zu beschränken, hier bei ca. 66–67,5 m ü. M. und 71,5–73,5 m ü. M. Im Gegensatz zu den Profilen ALP 12 und 14 wurde der Bohrkern ALP 13 unterhalb der Olympia-Terrasse, etwa 90 m vom Kladeos entfernt erbohrt. Nahezu das gesamte Profil besteht aus Kies, der eine sehr hohe Strömungsgeschwindigkeit voraussetzt. Die genetische Zusammengehörigkeit der beiden Terrassenseiten um ALP 12 und ALP 14 vorausgesetzt, belegt das Profil ALP 13 eine junge und tiefe hochenergetische Terrassenzerschneidung und Sedimentausräumung.

Ausweislich der diagnostischen Keramikfragmente, die im Bohrkern ALP 12 gefunden wurden, lässt sich die mächtige Störungslage, deren Spuren zwischen ca. 63 und 64 m ü. M. erfasst wurden, auf die frühe Bronzezeit datieren. Außerdem müssen die Alter der weiter oben vorgefundenen Hochenergieschichten als hellenistisch und jünger angesehen werden – sie stehen damit potentiell mit der Verschüttung Olympias in Verbindung.

4.3.2 Die Olympia-Terrasse südlich der Altis

Südlich der Altis wurden in Form eines W-E-verlaufenden Transektes vier Bohrungen durchgeführt. Der Bohrpunkt ALP 16 liegt auf der Olympia-Terrasse westlich des Kladeos, die Punkte ALP 3, 4 und 5 hingegen östlich des Kladeos. Die Höhenlagen der Bohrpunkte lassen deutlich eine zum Punkt ALP 4 bei ca. 34 m ü. M. kulminierende schwache Aufwölbung der Geländeoberfläche erkennen. Bereits dieser Befund zeigt, dass die Schüttung der Sedimente und die Prägung der Oberfläche in Zusammenhang mit Schwemmkegelbildungen des Kladeos zu bringen sind und eine Bildung der Olympia-Terrasse durch den Alpheios auszuschließen ist.

Abb. 15 zeigt den Blick auf eine Bohrlokalität auf der westlichen Kladeos-Terrasse und den Kronos-Hügel. Die Altis auf der gegenüber liegenden Seite ist durch Bäume und Sträucher verdeckt. Im Mittelgrund ist der Abbruch der Terrasse zum Kladeos hin deutlich zu sehen. Die in Abb. 16 zusammengestellten stratigraphischen Details der Bohrkerne ALP 16, 3, 4 und 5 lassen deutliche Ähnlichkeiten zwischen den Lokalitäten erkennen. In den Bohrungen ALP 16, 4 und 5 sind an der Basis mächtige Lagen aus teilweise zementiertem Kies erbohrt worden, die dem Basiskonglomerat Büdels[88] entsprechen. Darüber erstrecken sich vorwiegend schluffdominierte Ablagerungen, die mehrfach von grobklastischen Sedimenten unterbrochen werden. Letztere sind in ihrem Auftreten wiederum an Erosionsdiskordanzen und fining upward-Zyklen gebunden. Auffällig ist weiterhin, dass in den Bohrprofilen mitunter mächtige Paläoböden vorgefunden wurden, die über längere Zeit hinweg stabile Landoberflächen dokumentieren. Da in den restlichen Profilabschnitten Paläoböden fehlen, bedeutet dies im Umkehrschluss, dass die Altis zwar etappenweise, aber jeweils in sehr kurzer Zeit und durch große Sedimentmengen verschüttet worden sein muss.

Die mächtigste Sequenz an holozänen Ablagerungen kam im Bohrprofil ALP 3 zu Tage. Im Vergleich zu benachbarten Punkten stand hier seit der mittleren Bronzezeit ungefähr doppelt so viel Ablagerungsraum zur Verfügung. Aufgrund der Homogenität der sonst vorliegenden Befunde kann nicht ausgeschlossen werden, dass hier bereits in früher Zeit eine künstliche Rinne zur Verbesserung der Abflussverhältnisse angelegt worden ist.

Ähnlich wie im mittleren Kladeos-Tal deuten die Alter der vorgefundenen Keramikfragmente an, dass das früheste Ereignis bereits in der frühen Bronzezeit stattgefunden hat. Für die jüngeren Ereignisse ist ausweislich der vorliegenden Altersdaten eine Genese in historischer Zeit anzunehmen. Das Profil ALP 5 zeigt, dass insgesamt wohl mit vier oder fünf Etappen einer starken, mit hochenergetischer Strömung verbundenen Verschüttung Olympias zu rechnen ist (heft = high energy flood type deposit, Abb. 17).

4.4 Holozän-Stratigraphie am Fuße des Drouva-Hügels zwischen Flokas und Platanos

Aus dem Alpheios-Tal unterhalb des Durchbruchs durch den Rücken von Drouva werden zwei Profile vorgestellt. Bohrpunkt ALP 7 liegt knapp 8 km von der Küste entfernt inmitten des Engtalabschnitts des Alpheios (Abb. 18), der zwischen dem landwärtigen Becken von Flokas-Pelopio und der Deltazone vermittelt. Die Bohrung wurde auf der unteren Niederterrasse im Talgrund, also nicht auf der Olympia-Terrasse abgeteuft und kann damit am ehesten mit dem Profil ALP 13 verglichen werden[89]. Die Geländeoberfläche am Bohrpunkt liegt bei rund 9,1 m ü. M. Das Profil zeigt größtenteils mächtige Kies- und Sandabfolgen, die sedimentologische Merkmale starker, impulsgesteuerter Strömung aufweisen und durch einen mittigen Paläoboden in zwei Hochenergiephasen aufgeteilt werden können. Zuoberst treten hingegen feinsandig-schluffige Ablagerungen auf, die eine geringere Strömungsdynamik belegen. Besonders erwähnenswert sind an der Basis angetroffene autochthone marine Sande, wahrscheinlich aus der Litoralzone, die unmittelbar im Liegenden der Kiesabfolge erbohrt wurden (Abb. 19). Ausweislich ihrer Höhenlage und unter Zuhilfenahme lokaler relativer Meeresspiegelkurven[90] belegen sie die Existenz einer alten Küstenlinie weit landeinwärts der heutigen für die Zeit ungefähr zwischen 2200 und 800 v. Chr.[91]

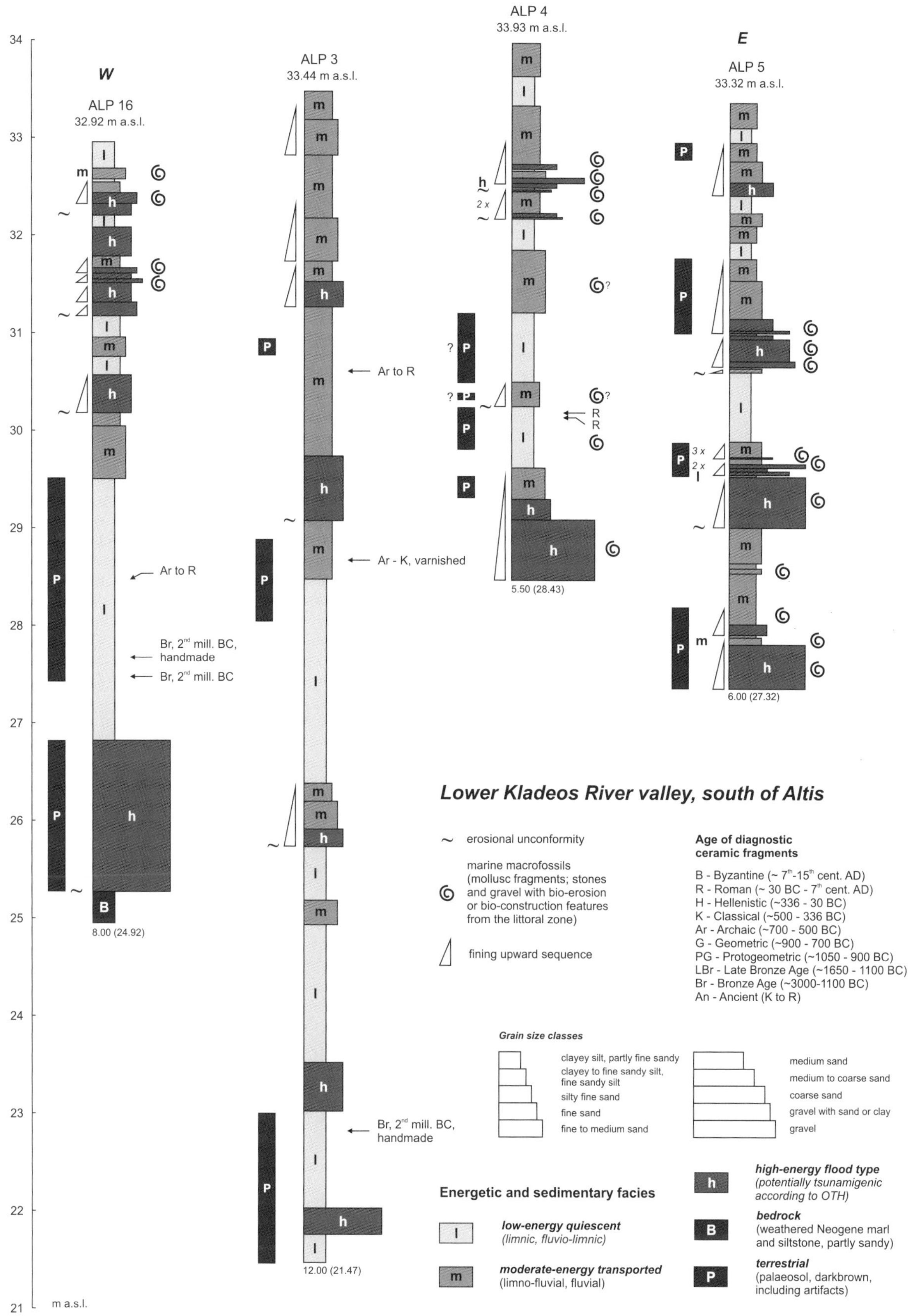

Abb. 16 Stratigraphische Abfolgen und Faziesinterpretationen ausgewählter Bohrprofile aus dem Gebiet südlich der Altis.

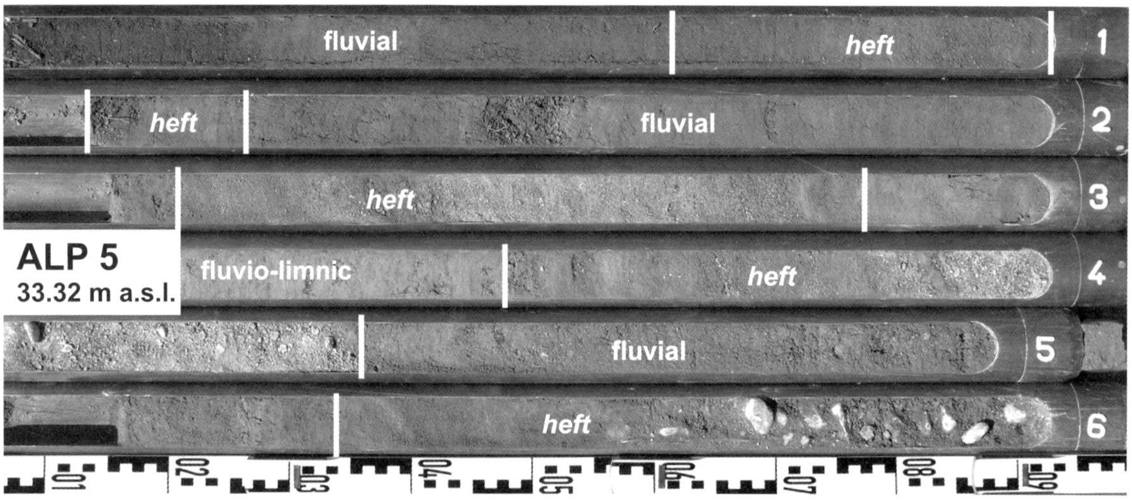

Abb. 17 Photo des Bohrkerns ALP 5 südlich der Altis mit vereinfachten Faziesgrenzen (m a.s.l. = m ü. M.)

Bohrpunkt ALP 10 befindet sich am westlichen Fuß des Hügelzugs von Drouva zwischen den Ortschaften Platanos und Flokas auf 23,4 m ü. M. Er liegt rund 2,2 km vom Alpheios entfernt im Strömungsschatten niedrig aufragender Ausläufer des Drouva-Hügelzugs nordwestlich von Flokas (Abb. 4). Die Bohrung wurde unweit des Ausgangs eines in den Drouva-Rücken eingetieften Sohlen-Kerbtales niedergebracht, welches mit dem bereits erwähnten tiefen Joch bei der modernen Straße nach Olympia in direkter Verbindung steht. Die stratigraphische Grundstruktur von Profil ALP 10

Abb. 18 Blick vom Drouva-Rücken nach Westen über das Becken von Flokas-Pelopio und den Engtalabschnitt entlang des unteren Alpheios.

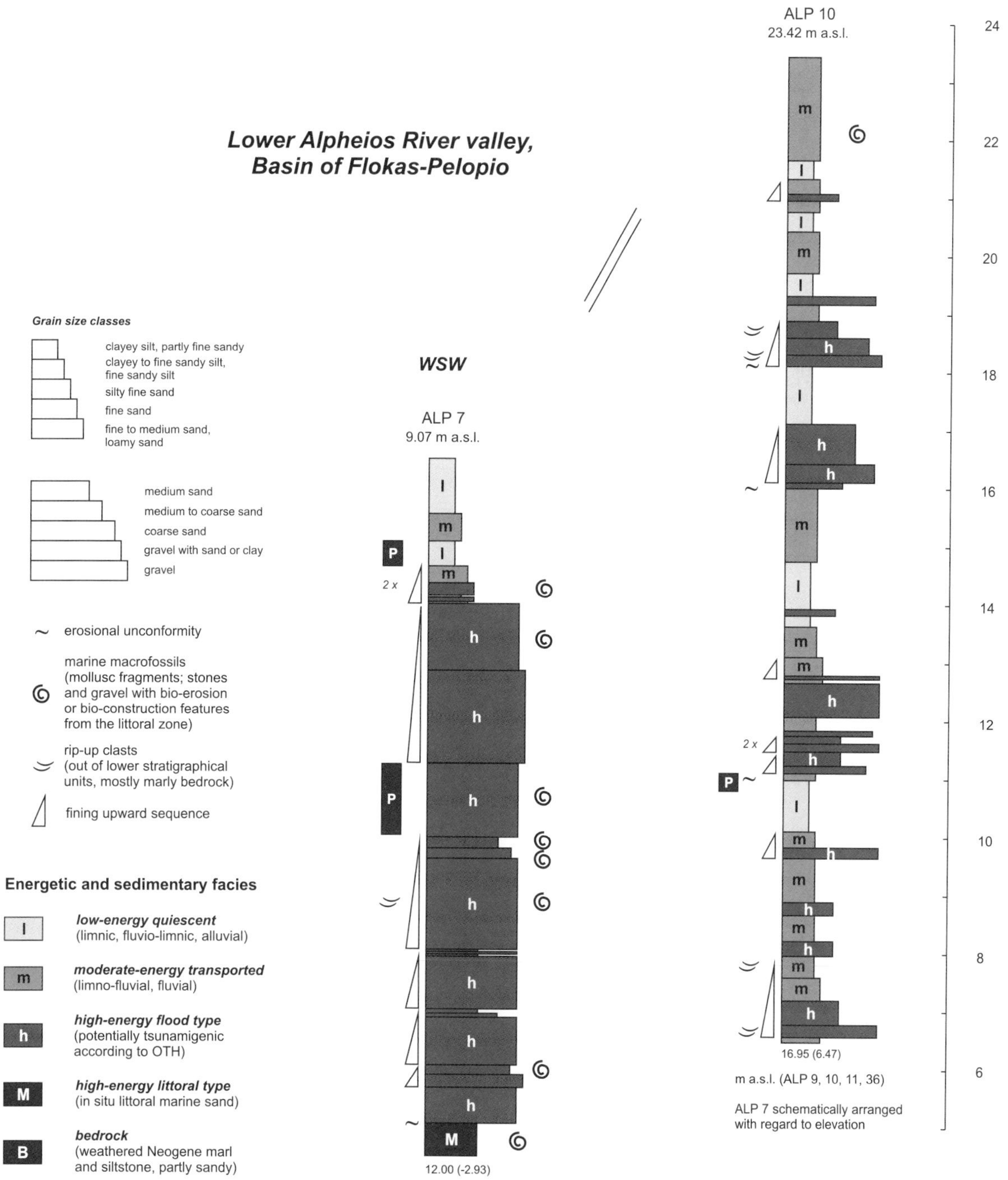

Abb. 19 Stratigraphische Abfolgen und Faziesinterpretationen ausgewählter Bohrprofile aus dem unteren Alpheios-Tal (ALP 7) und vom westlichen Fuß des Drouva-Rückens nördlich von Flokas (ALP 10).

gleicht jener, die aus dem Kladeos-Tal und vom Bereich südlich der Altis beschrieben wurde (Abb. 19). Vorwiegend feindsandig-schluffige Ablagerungen werden in mehreren Phasen von gröberklastischen, sand- und kiesdominierten Schichten unterbrochen, die jeweils einen abrupten, starken, temporären und impulsgesteuerten Anstieg der Sedimentationsenergie belegen. Wie bereits von der Olympia-Terrasse im Kladeos-Tal bekannt, zeigen sich diese eingeschalteten Schichten assoziiert mit Erosionsdiskordanzen, fining upward-Zyklen und integrierten Ton- oder Mergelklasten, welche Hochenergie-Ereignisse belegen. Leider liegen keine diagnostischen Keramikfunde vor, die eine Einschätzung der Zeitstellung des Profils erlauben.

4.5 Geoarchäologische Beobachtungen im Umfeld des Zeus-Tempels

Im Inneren der antiken Stätte sind aufgrund der nahezu 140-jährigen Grabungstätigkeit kaum mehr Stellen ungestörter stratigraphischer Verhältnisse vorzufinden. Geoarchäologische Untersuchungen im Umfeld des Zeus-Tempels können daher nicht mehr im vollständigen, ursprünglichen sedimentä ren Kontext erfolgen. Dennoch werfen im Zuge unserer Studien gemachte stratigraphische Beobachtungen ein vollständig neues Licht auf die letzte Phase der Zerstörung und Verschüttung des Bauwerks.

In archäologischen wie auch (archäo-)seismologischen Veröffentlichungen wird die dominoartige Aneinanderreihung von Säulentrommeln umgestürzter Säulen der südlichen Tempelseite (Abb. 20a) stets als Beleg für die Zerstörung des Zeus-Tempels durch Erdbeben angenommen[92]. Hierbei wird zumeist von einem Erdbeben mit starker E-W-Komponente der Grundbeschleunigung ausgegangen[93]. Beobachtungen an *in situ* liegenden Bauresten des Zeus-Tempels zeigen allerdings, dass sich die Bauteile in den wenigsten Fällen direkt berühren, sondern durch Sediment voneinander getrennt sind (Abb. 20b, 20f). Diese Ablagerungen bestehen zumeist aus Schluff, Sand und Kies und enthalten zahlreiche Keramikfragmente, Knochen und Reste mariner Muschelschalen und Schneckengehäuse (Abb. 20c). Sie sind also insgesamt heterogen und zeugen – insbesondere im Vergleich mit den Bohrkernstratigraphien aus Bereichen südlich der Altis (Abb. 16 und 17) – von hochenergetischen Ablagerungsbedingungen. An der südlichen Tempelseite finden sich Reste dieser Ablagerungen sogar unter einer leicht gekippten Basistrommel einer Säule (Abb. 20d und 20e). Die nachträgliche Einbringung von Sediment an den genannten Stellen nach einem rein erdbebenbedingten Umstürzen des Tempels ist aus geomorphologisch-sedimentologischer Sicht nicht möglich. Bei Annahme einer nachträglichen Verschüttung ist eine Überdeckung der archäologischen Reste (sowie Füllung von Hohlräumen) zu erwarten, nicht aber die Einbringung unmittelbar unterhalb von und zwischen schweren Bauteilen. Dies bedeutet, dass aus geomorphologischer Sicht das Umstürzen der Dachkonstruktion und der Säulen des Tempels und deren Einbettung in Sediment in ein- und demselben Zuge vonstatten gegangen sein muss. Vorstellbar ist beispielsweise, dass der Tempel von einer Schlammlawine ähnlich einer Mure getroffen wurde, die möglicherweise im Zuge von Erdbeben durch den Ausbruch temporär existenter, seismisch verursachter Bergrutschstauseen entstanden ist.

4.6 Zwischenfazit: Verschüttung Olympias durch mehrfache katastrophische Ereignisse

In der Zusammenschau der hier vorgestellten Bohrkernstratigraphien aus dem mittleren Kladeos-Tal nahe Magiras und dem Bereich südlich der Altis kann zunächst die Schlussfolgerung gezogen werden, dass episodische Hochenergie-Ereignisse auftraten, die ausweislich sedimentologischer Charakteristika und basierend auf der archäologischen Alterseinschätzung diagnostischer Keramik über viele Bachkilometer deutlich korrelierende Spuren hinterlassen haben. Des Weiteren gibt es Anzeichen dafür, dass die Anzahl der Hochenergie-Ereignisse zum Unterlauf des Kladeos hin zunimmt, was gegen eine ausschließliche Steuerung der Ereignisse über das meteorisch bedingte Abflussgeschehen im Einzugsgebiet spricht. Während am Bohrpunkt ALP 12 Anzeichen von drei deutlichen Hochenergie-Ereignissen ermittelt werden konnten, sind es am Bohrpunkt ALP 5 vier oder sogar fünf (vgl. Abb. 14 und 16). Schließlich stimmen die stratigraphischen Strukturen am Westabhang des Drouva-Rückens (Bohrpunkt ALP 10) am Übergang zum tiefsten Joch hinüber ins Kladeos-Tal mit den südlich der Altis erhobenen Strukturen auffallend überein (vgl. Abb. 16 und 19).

Abb. 20 (rechte Seite)

Geoarchäologische Beobachtungen im Umfeld des Zeus-Tempels von Olympia. (a) Blick auf die Südwestecke des Zeus-Tempels und die Domino-artige Anordnung von Säulentrommeln. (b) Grobklastische Sedimentfüllung zwischen *in situ*-Bauteilen des Zeus-Tempels. 2 Euro-Münze als Größenvergleich. (c) Detailansicht der Sedimentfüllung in Abb. 20b. Zu sehen sind Scherbenfragmente, Kiesstücke bis 10 cm Durchmesser sowie marine Faunenfragmente in einer sandig-lehmigen Matrix. (d) Angehobene und mit Sediment unterfütterte *in situ*-Säulentrommel an der Südseite des Zeus-Tempels. (e) Detailansicht der lehmigen Sedimentfüllung in Abb. 20d. Taschenmesserbreite ca. 1,8 cm. (f) Auf grobklastischem Sediment auflagerndes Giebelfragment des Zeus-Tempels. Zusammensetzung des Sedimentes ähnlich wie in Abb. 20c.

a
b
c
d
e
f

Während das vorwiegende, gewöhnliche Milieu entlang des Kladeos durch die Ablagerung von (feinsandigem) Schluff unter ruhigen Bedingungen gekennzeichnet ist, belegen die erfassten Zwischenschichten kurzzeitig vorhandene, impulsgesteuerte Extremereignisse. Letzteres dokumentieren hohe Sand- und Kiesanteile sowie eindeutige sedimentologische Merkmale wie Erosionsdiskordanzen, fining upward-Zyklen und Intraklasten aus Material des Liegenden, die auf hohe Strömungsgeschwindigkeiten, tiefgreifende Erosion und teils turbulentes, teils laminares Strömen einer mächtigen Wassersäule hinweisen. In Verbindung mit stratigraphisch korrelierenden heterogenen Hochenergielagen, die zwischen Bauteilen des Zeus-Tempels vorgefunden wurden, muss daher angenommen werden, dass die Verschüttung Olympias in Form von wenigen katastrophischen Sedimentationsereignissen stattgefunden hat und keinesfalls das Ergebnis allmählicher Verschüttung durch zahlreiche, regelmäßig auftretende Hochwasserereignisse ist. Hierauf deuten auch die wenigen, aber deutlich ausgeprägten und offensichtlich über lange Zeit der Formungsruhe hinweg ungestört benutzbaren Landoberflächen (Paläoböden) hin, die in die Bohrkernstratigraphien eingeschaltet und mitunter durch grobklastische Ereignislagen erosiv unterbrochen sind.

4.7 Geomorphologische und sedimentologische Paläotsunami-Spuren am Golf von Kyparissia

Die Zahl der erfassten geomorphologischen und sedimentologischen Spuren von Paläotsunamis im Mittelmeerraum ist in den vergangenen Jahren stark angewachsen. Dies liegt unter anderem daran, dass das Bewusstsein gegenüber Tsunamis aufgrund der schweren Tsunami-Impakte in Südostasien 2004, Chile 2010 und Japan 2011 gestiegen ist und gleichzeitig mehr Fördermittel für entsprechende Untersuchungen beantragt und bewilligt werden. Dass das östliche Mittelmeergebiet nicht nur die seismo-tektonisch aktivste Region Europas und Vorderasiens darstellt, sondern bereits in der Vergangenheit stark von Tsunamis in Mitleidenschaft gezogen wurde, ist durch zahlreiche geowissenschaftliche Studien belegt[94]. Die Westküste Griechenlands gehört zu den am stärksten von Tsunamis gefährdeten Bereichen, da sie unmittelbar zur Subduktionszone entlang der Hellenischen Tiefseerinne exponiert ist. Hinweise auf überregionale Paläotsunami-Ereignisse liegen für viele Küstenabschnitte vor, beispielsweise für den Ambrakischen Golf[95], den Sund von Leukas[96], die Bucht von Palairos-Pogonia[97], die Bucht von Argostoli auf der Insel Kephallonia[98] und die Umgebung von Pylos[99]. Im Folgenden werden Ergebnisse aktueller Paläotsunami-Studien im Umfeld der antiken Hafenstadt Pheia[100] und entlang ausgewählter Küstenabschnitte des zentralen und südlichen Golfs von Kyparissia skizziert[101].

4.7.1 Mehrfache Tsunami-Beeinflussung des olympischen Hafens Pheia (Kap Katakolo)

Im Umfeld des antiken Hafens Pheia, der als Landestelle für Athleten während der Olympischen Spiele bekannt ist, wurden geomorphologisch-sedimentologische Untersuchungen in der Bucht von Aghios Andreas sowie entlang eines Transektes über das Joch von Katakolo durchgeführt (Abb. 4). Das Joch bildet den Übergang zwischen dem weitläufigen, sich nördlich anschließenden Tertiärhügelland und dem schmalen Bergrücken des Kaps Katakolo, dem markanten Kennzeichen der peloponnesischen Westküste[102]. Abb. 21 zeigt exemplarisch das Bohrprofil AND 6 und die vereinfachte Faziesabfolge. Der dazugehörige Bohrpunkt liegt am westlichen Ende des Transektes ungefähr 40 m vom Strand der Hafenbucht Aghios Andreas entfernt oberhalb eines in zementierten Schluff- und Sandablagerungen angelegten Kliffs in ca. 8,1 m ü. M. Das Profil zeigt an der Basis die hochenergetische Ablagerung mariner Kiese und Sande direkt über dem Anstehenden. Eine sich im Anschluss bildende Lagune wird später von mächtigen Sand- und Kiesablagerungen abrupt überdeckt. Im oberen Teil des Bohrkerns kann eine Wechsellagerung aus mehr oder weniger autochthonem Kolluvium, welches durch Bodenabtragung an den umliegenden Hängen entstanden ist, und Schichten allochthoner mariner Sande erkannt werden, die im Zuge von hochenergetischen Ereignissen eingetragen wurden. Sedimentologische Kennzeichen wie basale Erosionsdiskordanzen, mehrfache fining upward-Zyklen und in die Ereignislagen integrierte Klasten des Anstehenden sowie die Schillhöffigkeit des verlagerten Materials lassen erkennen, dass episodisch marine Sedimente mit hoher Energie im Zuge von Tsunami-Ereignissen an Land getragen wurden (Abb. 22). Der Einfluss von Stürmen kann ausgeschlossen werden[103].

Für die Bucht von Pheia können insgesamt sechs Paläotsunami-Generationen unterschieden werden (Abb. 22). Der Tsunami-Einfluss reicht mindestens

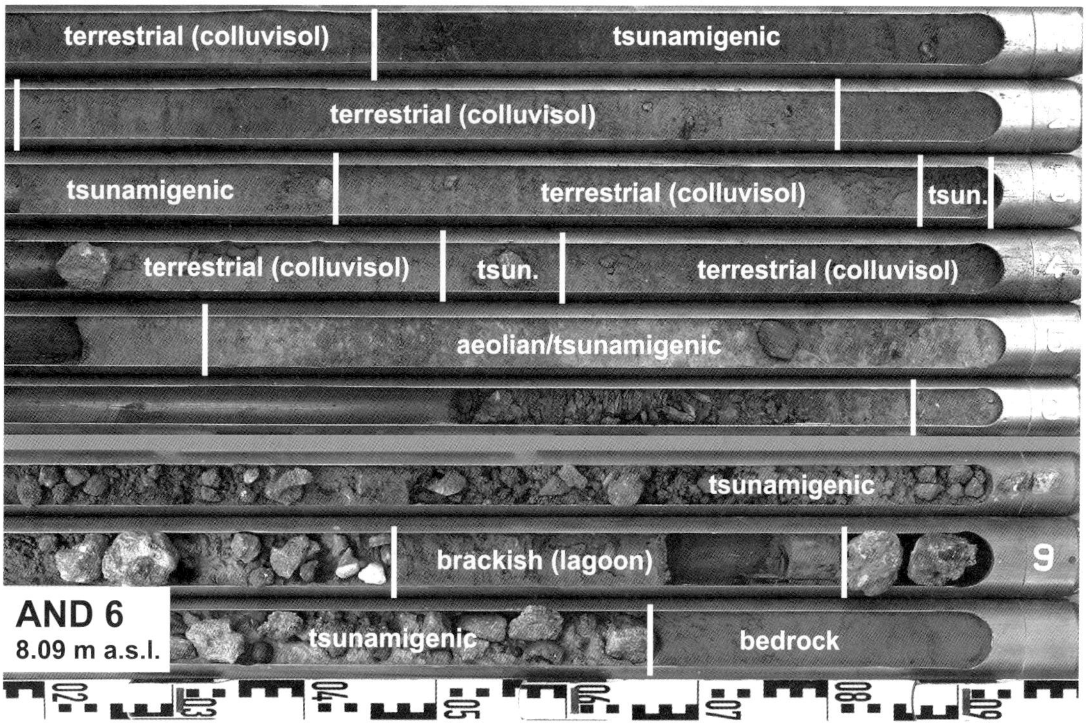

Abb. 21 Photo des Bohrkerns AND 6 unweit des antiken olympischen Hafens Pheia mit vereinfachten Faziesgrenzen. Der Bohrpunkt liegt in der Bucht von Aghios Andreas nördlich des Kaps Katakolo.

650 m landeinwärts. Tsunami-Sedimente bis in eine Höhe von rund 10 m ü. M. dokumentieren, dass das Joch von Katakolo in den vergangenen Jahrtausenden mehrfach überflutet worden ist, woraus sich eine Mindestauflaufhöhe der Tsunami-Wassermassen von mindestens 18–20 m ü. M. ergibt. Mittels diagnostischer Keramik und Radiokohlenstoffdatierungen können die gefundenen sechs Paläotsunami-Generationen in die Zeit zwischen 4300 ± 200 cal BC und der (nach-)byzantinischen Epoche datiert werden. Hieraus resultiert ein statistisches Wiederkehrintervall von Mega-Tsunami-Ereignissen an der Küste bei Pheia von rund 1000 Jahren[104].

4.7.2 Paläotsunami-Sedimente am Ufer des Mouria-Sees bei Aghios Ioannis

Bis in die 1960er Jahre existierte westlich von Pyrgos bei der Ortschaft Aghios Ioannis der Mouria-See, ein bis zu 3 m tiefes, lagunenartiges Gewässer, das zum Golf von Kyparissia durch einen Strandwall abgetrennt war[105]. Meliorationsarbeiten zur Entwässerung und landwirtschaftlichen Urbarmachung haben seither den See in ein rein ackerbaulich genutztes Gebiet umgewandelt. Die Bohrung AGI 5 wurde unweit des ehemaligen nordöstlichen Ufers des Mouria-Sees in 2 km Entfernung von der heutigen Küste bis in 10 m unter Geländeoberfläche abgeteuft (Abb. 4). Das naturräumliche Umfeld ist derart gestaltet, dass ein fluvial-torrentieller Einfluss ausgeschlossen werden kann. Analog zu den Befunden bei Pheia zeigt das Profil mehrfache, nach oben wie unten scharf abgrenzbare Sandschichten (Abb. 23). Hier sind sie in mächtige graue bis braune Seesedimente des früheren Mouria-Sees eingeschaltet. Entsprechend ihrer Zusammensetzung aus marinen Sanden, ihrem Fossilgehalt sowie der für Hochenergie-Einfluss kennzeichnenden sedimentologischen Eigenschaften (basale Erosionsdiskordanzen, fining upward-Zyklen, Ton-Intraklasten) können sie eindeutig als Paläotsunami-Sedimente identifiziert werden. Während die unterste vorgefundene Paläotsunami-Sandlage direkt in den Mouria-See geschüttet wurde, tragen die weiter oben erfassten Tsunamite Merkmale einer postsedimentären Überprägung durch Bodenbildung. Sie sind also im Uferbereich zur Ablagerung gekommen und erst später von jüngeren Sedimenten überdeckt worden. Insgesamt sind im Bohrkern AGI 5 vier unterschiedliche Paläotsunami-

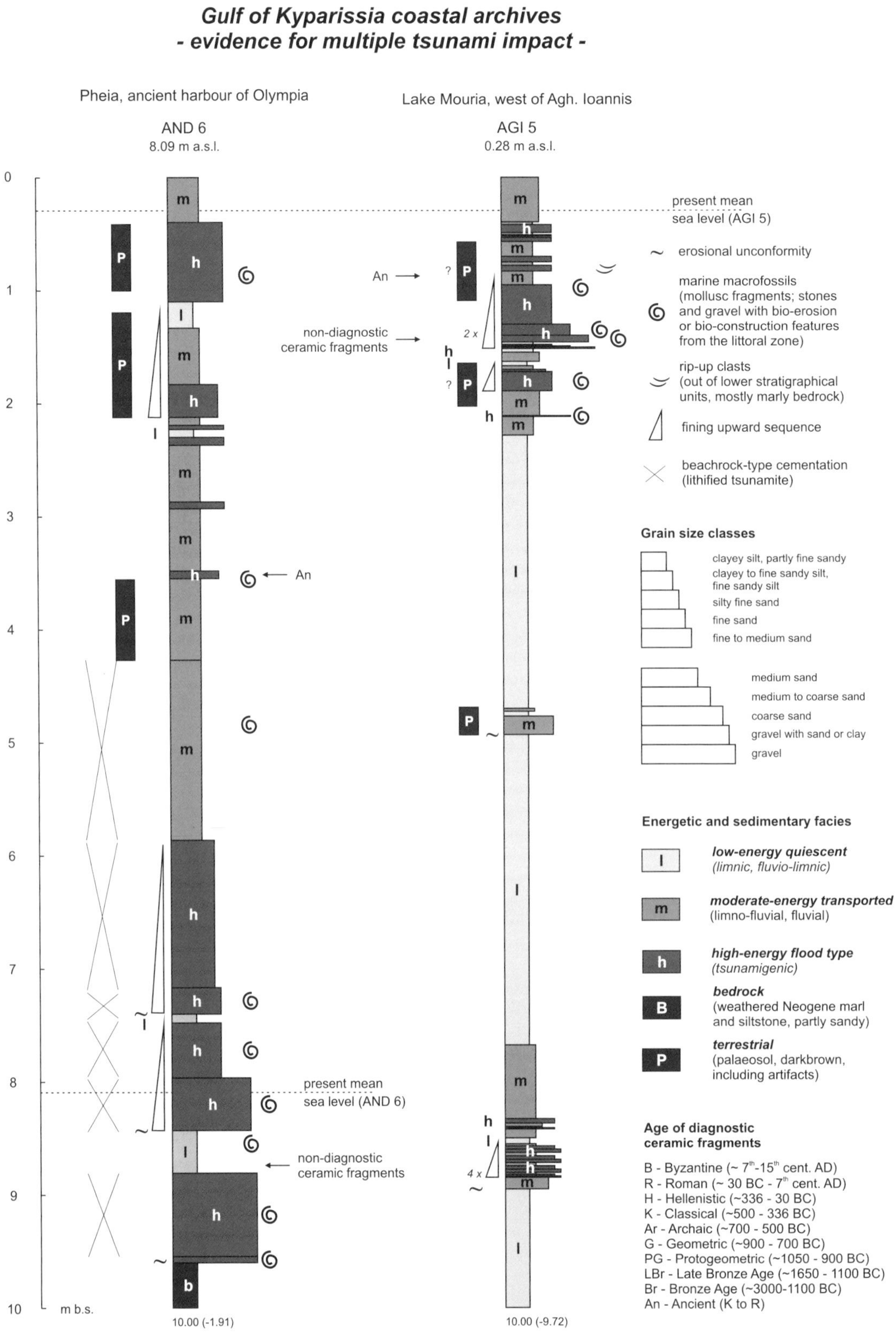

Abb. 22 Stratigraphische Abfolgen und Faziesinterpretationen ausgewählter Bohrprofile unweit des olympischen Hafens Pheia beim Kap Katakolo (AND 6) sowie westlich von Pyrgos vom ehemaligen Uferbereich des Mouria-Sees bei Aghios Ioannis (AGI 5).

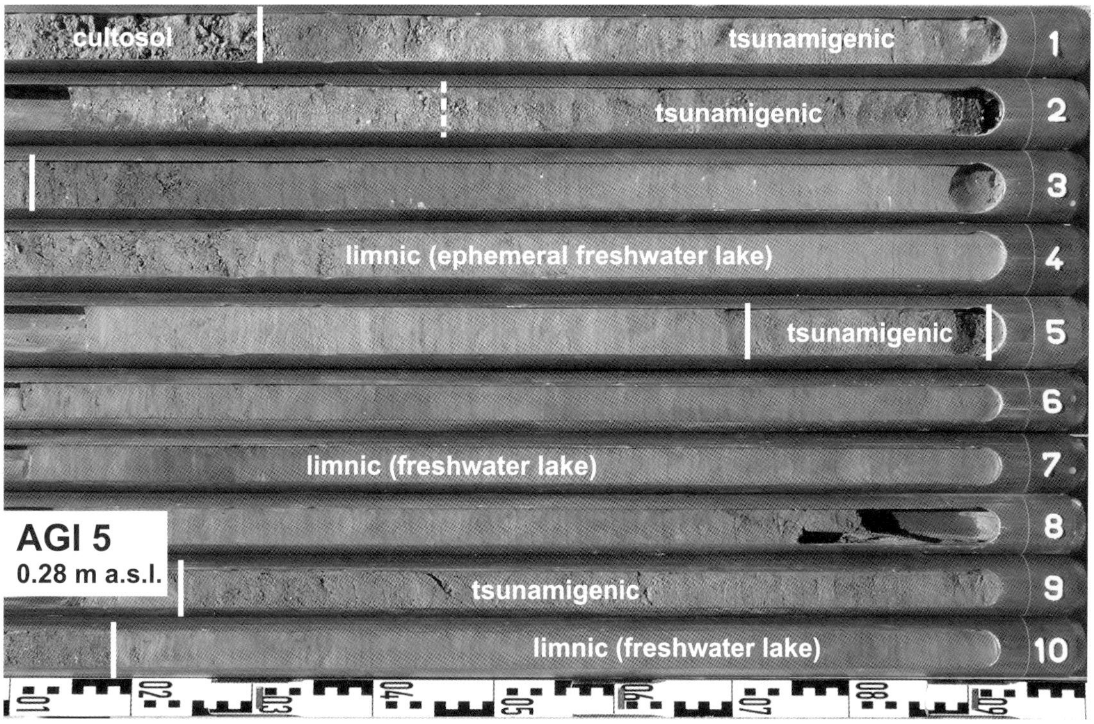

Abb. 23 Photo des Bohrkerns AGI 5 vom nördlichen Uferbereich des heute trockengelegten Mouria-Sees westlich von Pyrgos mit vereinfachten Faziesgrenzen.

Generationen dokumentiert (Abb. 22). Informationen zur Alterseinschätzung liegen derzeit noch nicht vor.

4.7.3 Landformung durch Tsunami-Ereignisse bei Kato Samiko, südlicher Agoulenitsa-See

Südlich der Mündung des Alpheios in den Golf von Kyparissia schließt sich der ehemalige See von Agoulenitsa an, der wie der Mouria-See entwässert wurde und landwirtschaftlich genutzt wird. Das südliche Ende des lagunenartigen Gewässers ist durch den bis über 700 m ü. M. aufragenden Kalkriegel des Lapithas-Gebirges markiert. Auf dessen westlichem Ausläufer liegen die Ruinen der antiken Stadt Samikon. Nördlich unterhalb davon befindet sich das lediglich 300 m breite Tal von Kato Samiko, welches in den südöstlichen Bereich des Agoulenitsa-Sees überleitet (Abb. 24). Auf ca. 11,2 m ü. M. Höhe wurde im zentralen westlichen Teil des Tales die Bohrung SAM 1 bis auf 11 m unter Geländeoberfläche abgeteuft. Der obere Abschnitt des Bohrkernes zeigt oberhalb einer scharfen erosiven Diskordanz eine heterogene Schicht aus Sand, Kies, zahlreichen Fragmenten mariner Muschelschalen und Schneckengehäuse sowie Keramik, die in feinkörnige Alluvialsedimente eingebettet ist. Ausweislich ihrer Zusammensetzung, sedimentologischen Kennzeichen sowie ihrer mittels Geoelektrik erfassten räumlichen Verbreitung handelt es sich bei diesen grobklastischen Ablagerungen um Sedimente einer Tsunami-Rückflussrinne, über die während eines Tsunami-Ereignisses temporär der Wasserrückfluss zur Küste von Statten gegangen ist[106]. Die Höhenlage der tsunamigenen Hochenergie-Sedimente erlaubt den Rückschluss, dass bei Kato Samiko mit Wasserauflaufhöhen von mindestens 10 m ü. M. zu rechnen ist. Diagnostische Keramikfragmente erlauben die Festlegung der hellenistischen und römischen Epoche als *terminus ad* oder *post quem* für den Tsunami.

Zusammengefasst liegen entlang der Küste des Golfs von Kyparissia von mehreren Stellen zwischen dem Kap Katakolo und dem Lapithas-Gebirge geomorphologisch-sedimentologische Hinweise auf mitunter mehrfache Tsunami-Beeinflussung vor. Die maximalen Auflaufhöhen liegen bei mindestens 18–20 m ü. M. bei Pheia und 10 m ü. M. bei Kato Samiko. Bislang vorliegende Altersdaten lassen ein mittleres Wiederkehrintervall von rund 1000 Jahren vermuten. Die jüngsten bislang datierten Paläotsunamite stammen aus byzantinischer oder post-byzantinischer Zeit[107].

Abb. 24 Blick nach Süden über die Talebene bei Kato Samiko auf das Lapithas-Gebirge mit den archäologischen Resten der antiken Stadt Samikon.

4.8 Numerische Simulation von Tsunami-Szenarien für den Golf von Kyparissia

Numerische Simulationen unterschiedlicher Tsunami-Auflaufszenarien im Golf von Kyparissia dienten der Überprüfung hydrodynamischer Denkmodelle und als Grundlage für den Vergleich mit Gelände- und Laborbefunden. Sie wurden mit Hilfe eines digitalen Geländemodells und spezieller Modellierungssoftware durchgeführt und für einen Tsunami-Wellenzug bestehend aus drei Einzelwellen berechnet[108]. Abb. 25 zeigt die maximale Überflutungsfläche für das Szenario eines aus westlicher Richtung eintreffenden Tsunamis extremer Stärke (Extremszenario). Obgleich die modellierten Wasserhöhen nicht eins zu eins in die Realität übernommen werden können, so zeigt das Szenario mehrere interessante Hinweise bezüglich der Strömungsdynamik. (1) Das Kap Katakolo bedingt eine starke Wellenrefraktion, die im Vergleich zu Szenarien mit südlicher Wasseraufrichtungskomponente eine deutliche Verstärkung des Überflutungseffektes im gesamten Golf von Kyparissia mit sich bringt. (2) Die gesamte heutige Küstenniederung zwischen dem Kap Katakolo und dem Lapithas-Gebirge wird bis an den Fuß des Tertiärberglandes überflutet. (3) Die spezielle Reliefgliederung des unteren Alpheios-Tals bewirkt eine besonders starke und weit reichende Ingression von Tsunami-Wassermassen bis an den Fuß des Drouva-Rückens, also rund 18 km landeinwärts der heutigen Küste[109]. Von besonderer Bedeutung ist hier der kanalisierend und damit beschleunigend wirkende Engtalabschnitt zwischen der Küste und dem Becken von Flokas-Pelopio. Nachdem die Wassermassen das Becken von Flokas-Pelopio erreicht haben, unterliegen sie einem Divergenzeffekt und verteilen sich dort. Der Wasserrückfluss durch die verhältnismäßig schmale Talpforte wird dadurch verlangsamt. Des Weiteren muss bei einem Wellenzug aus mehreren Tsunami-Wellen davon ausgegangen werden, dass Wassermassen der 2., 3., x. Welle, welche den Engtalabschnitt durchfließen, den Abfluss bereits ins Becken eingedrungenen Wassers hemmen oder nahezu ausschließen.

Zusätzlich durchgeführte Simulationen des maximalen Wellenauflaufs für das Extremszenario

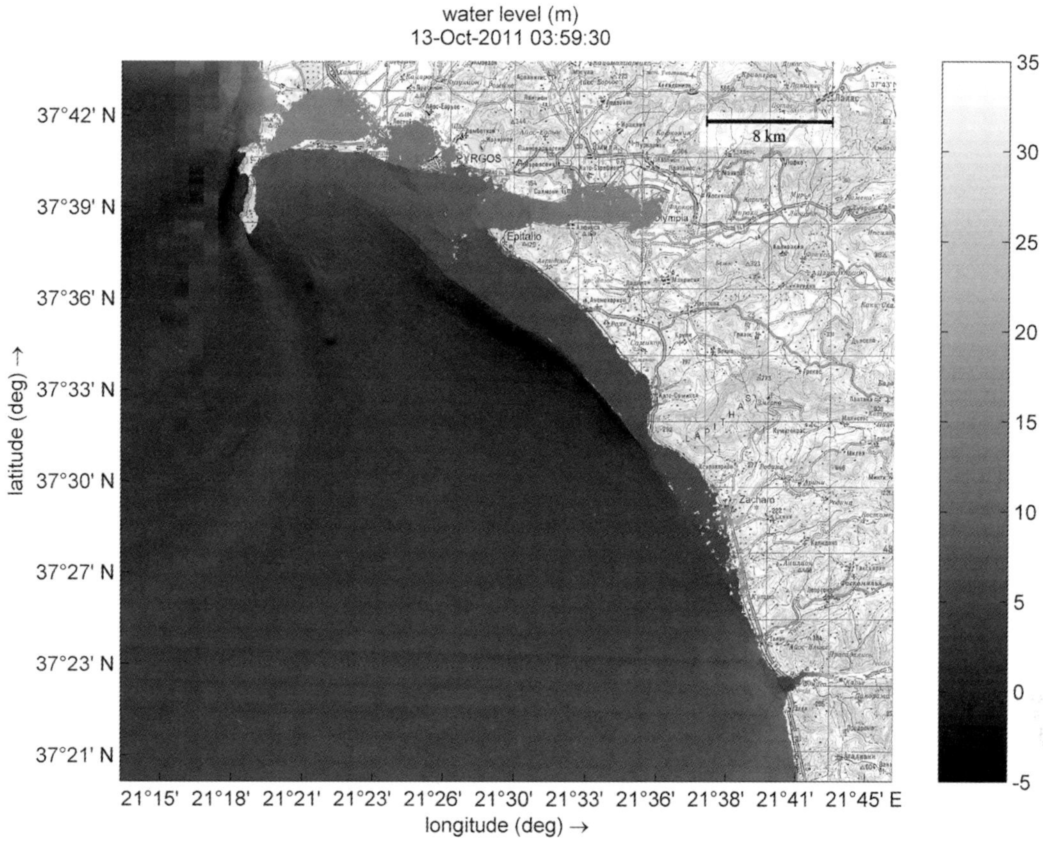

Abb. 25 Szenario der Überflutung des Golfes von Kyparissia für einen extremen, aus drei Einzelwellen bestehenden Tsunami aus westlicher Richtung nach Simulationen von Röbke et al. (2012). Angegeben ist die Überflutungstiefe zum Stand der maximalen Wasserbedeckung. Nähere Erläuterungen: siehe Text.

aus westlicher Richtung haben zudem ergeben, dass das Joch von Katakolo tatsächlich überflutet wird, und zwar, bedingt durch die Wellenrefraktion am Kap Katakolo, abwechselnd aus nordwestlicher und aus südöstlicher Richtung. Dieses Ergebnis steht in sehr guter Übereinstimmung mit den vor Ort ermittelten Geländebefunden[110]. Auch die für Kato Samiko vor Ort gefundene Mindestüberflutungshöhe von 10 m bildet sich im Modell überzeugend ab[111]. Insgesamt hat sich also gezeigt, dass die modellierten Tsunami-Szenarien in guter bis sehr guter Übereinstimmung mit unseren Geländebefunden stehen, insbesondere hinsichtlich Strömungsdynamik, aber auch mit Blick auf die tatsächlichen Wasserstands- und Wasserauflaufhöhen.

Bei der Evaluierung der Simulationsergebnisse muss berücksichtigt werden, dass die Berechnungen auf der Grundlage des heutigen Reliefs und des heutigen Meeresspiegels durchgeführt wurden. Küstenlinienverschiebungen, der zwischenzeitliche Anstieg des Meeresspiegels und Landaufhöhungen durch Sedimentation wurden nicht berücksichtigt, so dass für frühere Zeitscheiben von noch höheren Überflutungswasserständen und Auflaufhöhen auszugehen ist.

5. Diskussion

5.1 Bewertung bisheriger Erklärungsansätze

Aus den Literaturstudien zum Stand der Forschung sowie auf der Grundlage eigens durchgeführter geomorphologischer Übersichtskartierungen ergeben sich Zweifel an der Belastbarkeit der Hypothesen, die bislang zur Erklärung der Verschüttung Olympias aufgestellt wurden. Dies gilt insbesondere, wenn wissenschaftliche Prinzipien wie Logik, Plausibilität und Nachvollziehbarkeit von Aussagen einerseits und die Belegbarkeit von Schlussfolgerungen mittels Gelände- und/oder Laborbefunden andererseits Berücksichtigung finden.

5.1.1 Menschgemachte Bodenerosion

Die Hypothese einer anthropogen induzierten Landschaftsdegradation und Bodenerosion als Ursache für die sedimentäre Verschüttung Olympias, wie sie auch in modernen Veröffentlichungen angenommen wird, gründet vorwiegend auf den Vorarbeiten und Einschätzungen Büdels[112]. Hierbei werden einerseits intensive anthropogene Eingriffe durch Waldrodung im Neolithikum und während der Bronzezeit[113], andererseits die Aufgabe einer geordneten Landnutzung seit dem 4. Jh. n. Chr. als ausschlaggebend für eine zunehmende Bodenabtragung angenommen[114]. Letzteres wird mit einem grundlegenden Wandel der Landnutzungsstruktur nach dem Verbot der olympischen Spiele 393 n. Chr., der Ausbreitung des Christentums und schlussendlich der Einwanderung slawischer Hirtengesellschaften in Verbindung gebracht. Dieses hypothetische Kausalgefüge erklärt allerdings nicht, warum beispielsweise für die Zeit zwischen dem 8. und 5. Jh. v. Chr., für welche eine zunehmende Bedeutung der olympischen Festspiele und eine stark steigende Teilnehmerzahl bekannt[115] und damit ein zunehmender Nutzungsdruck auf die umliegende Landschaft anzunehmen ist, keine Befunde für bodenerosiv verursachte Überschwemmungen vorliegen. Ähnliches gilt für die römische Epoche, die im Mediterranraum *a priori* stets mit intensiven Eingriffen in den Landschaftshaushalt korreliert wird[116]. Davon abgesehen ist bis heute nicht abschließend geklärt, ob Bodenerosion durch intensive Weidewirtschaft nach Aufgabe einer geordneten, aber sicherlich nicht weniger intensiven Landnutzung[117] oder vielmehr durch die landwirtschaftliche Übernutzung selbst an Intensität gewinnt; beispielsweise führte Pausanias die im 2. Jh. n. Chr. verringerte Sedimentfracht des nordwestgriechischen Flusses Acheloos und den dadurch abgeschwächten Deltavorbau unmittelbar auf das Nachlassen intensiver Landwirtschaft im Oberlauf zurück[118]. Diese Frage ist weder pauschal noch für größere Gebiete zusammenfassend zu beantworten, müssen bei solchen Überlegungen doch stets die örtlichen naturräumlichen Verhältnisse und kulturlandschaftsgeschichtlichen Hintergründe mitberücksichtigt werden. Dazu kommt die Schwierigkeit, dass die Verursachung von Abtrag, Transport und Ablagerung einer Sedimentschicht durch anthropogene Bodenerosion unter Zuhilfenahme geowissenschaftlicher Befunde allein nicht nachgewiesen werden kann, sondern stets spekulativ bleibt, bis zusätzliche belastbare Hinweise, beispielsweise konkrete historische Überlieferungen, photographische Dokumentationen oder geowissenschaftliche Untersuchungen im potentiellen Erosionsgebiet, eine solche Annahme wahrscheinlicher machen.

Für die jüngere Geschichte der Olympia-Terrasse kommt hinzu, dass grundlegende Veränderungen der Landnutzungsstrategie, die mit dem wiederholten Wechsel der politischen Rahmenbedingungen unter zunächst fränkischer, dann venezianischer und schließlich türkischer Herrschaft zusammenhängen und weitläufig bekannt sind, zu keinen Signalen in der stratigraphischen Abfolge geführt haben. Ein Beispiel hierfür ist die weit verbreitete Verlegung von Küstensiedlungen in hoch liegende, geschützte Bergregionen während der osmanischen Besatzung. Ein aus geomorphologisch-sedimentologischer Sicht entscheidendes Defizit der Bodenerosions-Hypothese für Olympia ist, dass sie sich ausschließlich auf die Sedimentation abgetragenen Bodenmaterials im lokalen Vorfluterbereich konzentriert, aber eine Erklärung für den abrupten Wechsel zwischen Aufschüttung und fluvialer Tiefenerosion, also letztlich für die Zerschneidung der Terrassenablagerungen schuldig bleibt.

5.1.2 Katastrophische Niederschlagsereignisse und hydrogeographische Sonderkonstellation

Die westliche Peloponnes im Umfeld von Olympia ist durch langjährig gemittelte Jahresniederschlagssummen von 800–1000 mm charakterisiert, wobei der Großteil davon in den Monaten November bis Februar zu verzeichnen ist[119]. Fountoulis und Mavroulis[120] berechnen auf der Grundlage von Niederschlagsdaten der östlich und westlich von Olympia liegenden Klimamessstationen Vasilaki und Strefi[121] ein 45-jähriges Wiederkehrintervall für die höchsten Tagesniederschlagsmengen, die zwischen 140 und 200 mm liegen. Im Laufe der nahezu 140-jährigen Ausgrabungsgeschichte Olympias haben statistisch betrachtet also drei Extremniederschlagsereignisse stattgefunden. Allerdings liegen keinerlei Berichte darüber vor, dass die Kultstätte in diesem Zeitraum auch nur annähernd durch Kladeos-Überflutungen betroffen gewesen ist. Selbst unter Annahme exzeptioneller Abflussereignisse, die ein Mehrfaches der von Fountoulis und Mavroulis[122] angenommenen maximalen Niederschlagsmengen voraussetzen, stehen Verbreitung und Form der Olympia-Terrasse in diametralem geomorphologischem Gegensatz zum hydraulischen Potential des Kladeos. Hierbei muss beachtet werden, dass die bis zu 300–500 m breite Terrasse bei solchen Ereignissen flächendeckend mit stark strömendem Wasser überflossen werden muss, damit, wie vorgefunden, hochenergetische Sedimente abgelagert werden und die Terrassenoberfläche flächendeckend gestaltet wird.

Was die weiter zurückliegende Vergangenheit betrifft, so liegen für die Zeitscheibe des mittleren und insbesondere des jüngeren Holozäns im östlichen Mittelmeerraum keine Paläoklimadaten in einer ausreichend hohen Auflösung vor, die es annähernd erlauben würde, konkrete Korrelationen zwischen katastrophischen Sedimentationsereignissen und Klimaschwankungen zu vermuten[123]. Des Weiteren existieren nach Büdel[124] für die Zeit zwischen ca. 1000 v. Chr. und 500 n. Chr. keine literarischen Überlieferungen von Hochwasserschäden im Heiligtum Olympias.

Kurzetz[125] stellt auf der Basis zahlreicher Bohrungen und gründlicher sedimentologischer Analysen der Olympia-Terrasse für mehrere Phasen außergewöhnlich hohe Sedimentationsraten fest, als deren Ursache sie ein Zusammenspiel aus klimatischen und anthropogenen Faktoren postuliert. Diese Annahme basiert vorwiegend auf deduktiven Einschätzungen und orientiert sich dabei an ähnlich spekulativen Kausalzusammenhängen, wie sie von zahlreichen anderen Autoren geoarchäologischer Studien im Raum Olympia vertreten werden[126]. Damit steht sie allerdings in starkem Kontrast zu den soliden Geländebefunden: Die auffälligen Sandschichten innerhalb der Olympia-Terrasse werden von Kurzetz[127] zwar erkannt, jedoch irrtümlicherweise mit selektiven Transport- und Ablagerungsprozessen erklärt. Dies liegt darin begründet, dass die Autorin Untersuchungen ausschließlich im unmittelbaren Umfeld des Kronos-Hügels durchgeführt hat und die über weite Strecken kladeosaufwärts hinweg korrelierenden Hochereignis-Schichten somit nicht hat erfassen können. Deren Existenz ist durch selektive Dynamik allein nicht erklärbar.

Hinsichtlich der Evaluierung klimagesteuerter Erklärungsansätze mittels Klimaanomalien, Starkniederschlagsereignissen oder hydraulischer Sondersituationen muss zu guter Letzt berücksichtigt werden, dass keine der vorliegenden Hypothesen eine Erklärung für die bis zu 10 m tiefe Einschneidung des Kladeos in die Olympia-Terrasse liefert, welche der Ablagerung mächtiger Sedimente folgt, und plausibel begründet, wodurch die bis zu 200 m breiten Erosionsrinnen, welche Reste der Olympia-Terrasse in Kladeos-Talabschnitten voneinander trennen, entstanden sind.

5.1.3 Hangrutschungen

Generell sind Hangrutschungen durchaus in der Lage, durch eine Verengung oder gar komplette Verschüttung des Talquerprofils eine Anhebung des Abflussniveaus und damit auch der fließgewässerbegleitenden Terrassen zu bewirken. Allerdings gilt dies stets nur für den talaufwärts der Rutschung liegenden Talabschnitt. Die im Umfeld des Kronos-Hügels sowie des Drouva-Rückens festgestellten Rutschungen könnten daher theoretisch für die Bildung der Olympia-Terrasse im Kladeos-Tal oberhalb von Olympia verantwortlich sein. Unmöglich ist es allerdings, die Olympia-Terrasse in ihrer weiten Verbreitung südlich des Kronos-Hügels auf der rechten Alpheios-Seite und unterhalb der Ortschaft Makrisia auf der linken Alpheios-Seite, also an flussabwärts dieser Rutschmassen liegenden Stellen, mit diesem Modell zu erklären. Die weiterführende Annahme einer den Alpheios-Abfluss wenigstens teilweise aufstauenden Großrutschung am Durchbruch des Flusses durch den Drouva-Rücken würde zwar die Entstehung der Olympia-Terrasse oberhalb, nicht aber unterhalb des Durchbruchs plausibel machen. Anders als in den Blättern Olympia und Pyrgos der amtlichen geologischen Karte 1:50.000[128] verzeichnet, lässt sich die von Streif als Ht 3 bezeichnete Olympia-Terrasse nämlich bis in eine Entfernung von rund 4–5 km von der heutigen Küste an zahlreichen Stellen nachvollziehen[129]. Damit ist es auch nicht möglich, die Genese der Olympia-Terrasse als Ganzes durch hypothetisch angenommene Abflusshemmungen am Drouva-Durchbruch zu erklären. Eigene Begehungen und Kartierungen haben zudem ergeben, dass entlang des Flusses Selinous interessanterweise keine Reste der Olympia-Terrasse existieren. Dieser Bach, der von Süden in das Becken von Makrisia mündet und dessen Einzugsgebiet jenes des Kladeos an Größe weit übertrifft[130], müsste jedoch von solchen Aufstauungen ebenfalls betroffen gewesen sein. Die Olympia-Terrasse ist weiterhin nicht in den Tälern zahlreicher nördlicher Alpheios-Zuflüsse zwischen Olympia und dem Alpheios-Knie vertreten.

5.1.4 Episodische Entleerung des Pheneos-Karstsees im arkadischen Hochgebirge

Die von zahlreichen Autoren präferierte Hypothese, für die mehrfachen Überschwemmungen Olympias und damit für die Entstehung der Olympia-Terrasse seien wiederholte Entleerungen des Pheneos-Karstsees verantwortlich, kann aus mehreren Gründen falsifiziert werden. Zunächst erlauben die bestehenden Reliefverhältnisse eine über den Ober- und Mittellauf des Alpheios gesteuerte Überflutung des mittleren und oberen Kladeos-Tals nicht in einem Maße, welches die damit verbundene Entstehung der dortigen Olympia-Terrasse zwischen 30 und 90 m ü. M. erklären würde. Wasserstände von bis zu 90 m ü. M. auf der Höhe von Olympia würden zu einem großflächigen Wasserabfluss über die niedrigen Bereiche des Drouva-Rückens unweit des Alpheios-Durchbruchs führen.

Davon abgesehen, besteht ein Problem darin, dass die meisten Autoren katastrophische Seeausbrüche annehmen, die einen ungehemmten kurzzeitigen Wasserabfluss aus dem Pheneos-Polje postulieren. Dieser ist jedoch keinesfalls gegeben; vielmehr wird der Wasserabfluss aus dem Polje über das Ladon-Tal in den Alpheios direkt von der Größe der Ladon-Quelltöpfe gesteuert, das heißt nach oben hin abgeriegelt. Lokale Abflussmessungen liegen leider nicht vor, jedoch bieten die größten Karstquelltöpfe Mitteleuropas eine gewisse Vergleichsbasis. Bei vergleichbarer Quelltopfgröße, ähnlichen Jahresniederschlagssummen zwischen 800 und 1200 mm und Einzugsgebieten ähnlicher Größenordnung liefern der Blautopf und der Aachtopf in Baden Württemberg (Deutschland) maximale Schüttungsraten von 24–26 m^3/s[131]. Selbst unter Annahme eines gesteigerten Abflusses unter torrentiellen Bedingungen muss davon ausgegangen werden, dass der Ladon-Abfluss nicht um Größenordnungen über diesen Werten liegen kann, da er physisch über die Topfgröße begrenzt ist. Apokalyptisch anmutende Überflutungsszenarien aufgrund von Entleerungen des Pheneos-Karstsees, wie sie beispielsweise von Grove und Rackham[132] vertreten werden, entbehren jeglicher realistischen Grundlage.

Des Weiteren belegen historische Aufzeichnungen, dass sich die Entleerung des Pheneos-Sees nach einer Wiederöffnung der Katavothren mitunter über Jahre oder Jahrzehnte hinzieht, also keine Angelegenheit weniger Tage oder Wochen darstellt. Schließlich fällt der jüngste bekannte Zyklus des maximal aufgestauten Pheneos-Sees und seiner subsequenten Entleerung in die Zeit der ersten deutschen Grabungen in Olympia. Nachweislich sind jedoch seit 1875 keine Überflutungsereignisse seitens des Alpheios und des Kladeos überliefert, die Olympia betroffen haben[133].

5.1.5 Ereignis-gesteuerte Kopplung von Terrassenbildung und Küstenwandel

Vor dem Hintergrund der von Kraft und anderen[134] verfolgten Hypothese komplexer mehrphasiger Sedimentationsereignisse, die gleichzeitig für die Entstehung von Strandwallgenerationen an der Küste und von holozänen Niederterrassen entlang des Alpheios und Kladeos[135] verantwortlich seien, muss geprüft werden, inwieweit hierbei ein Einfluss tektonischer Vertikalbewegungen der Kruste und/oder relative Meeresspiegelveränderungen[136] beteiligt sind. Das rund 25 km weite geotektonische Becken von Olympia wird durch die nördlich von Pyrgos WSW-ENE-verlaufende Vounargo-Störung sowie durch die ebenfalls WSW-NNE-streichende Lapithas-Störung begrenzt und intern durch die Alpheios-Störung in zwei Teilbecken gegliedert. Für das Altpleistozän stellen Papanikolaou und andere[137] eine tektonische Senkung mit Raten von 0,80 mm/a fest, die vor rund 800.000 Jahren von einer Hebungsdynamik mit Raten von 0,25 mm/a abgelöst wurde (Abb. 26). Damit ergibt sich für die antike Kultstätte ein ungefährer tektonischer Hebungsbetrag von rund 0,75 m für die vergangenen 3000 Jahre. Es kann also ausgeschlossen werden, dass die beträchtlichen Sedimentations- und Einschneidungsereignisse im Umfeld von Olympia, die allein seit frühbyzantinischer Zeit festzustellen sind[138], auf tektonischen Vertikalverstellungen der Vorflut im Speziellen oder des Reliefs im Allgemeinen beruhen. Des Weiteren lassen Untersuchungen zur relativen Meeresspiegelentwicklung entlang der Küsten der westlichen Peloponnes erkennen, dass seit dem mittleren Holozän keine ruckartigen, mehrere Meter umfassenden, plötzlichen Niveauänderungen des lokalen Meeresspiegels stattgefunden haben[139], mit deren Hilfe die Entstehung der Olympia-Terrasse allein fluvialgeomorphologisch erklärt werden könnte.

5.1.6 Zwischenfazit

Es konnte aufgezeigt werden, dass keiner der vorgestellten Ansätze eine vollständige, schlüssige und plausible Erklärung für die sedimentäre Verschüttung Olympias liefert. Die Defizite der einzelnen

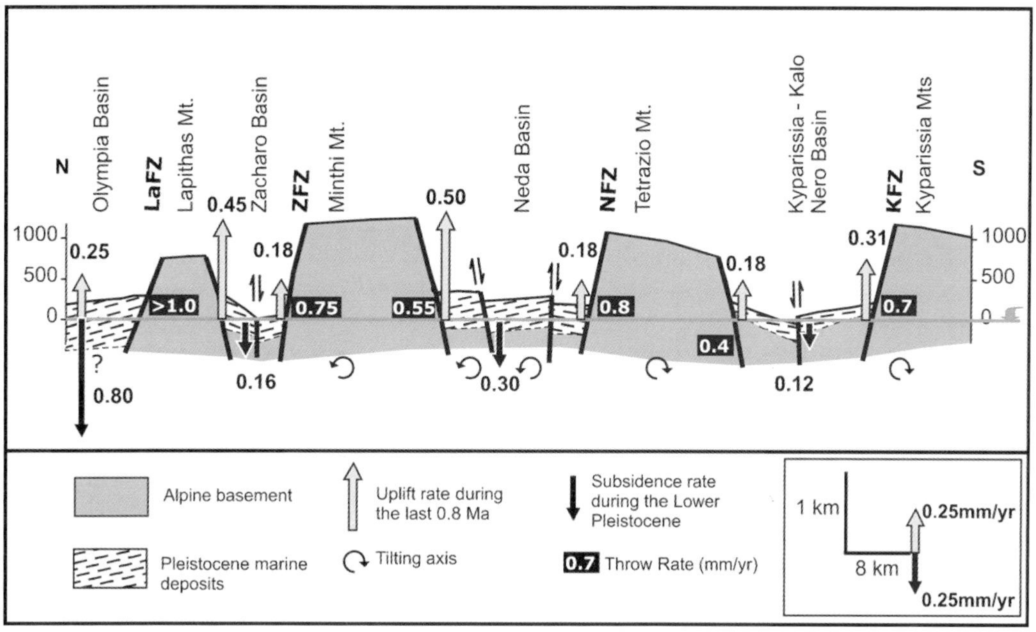

Abb. 26 Schematischer N-S-Querschnitt durch die E-W-streichenden Horst- und Grabenstrukturen der zentralen westlichen Peloponnes von Papanikolaou et al. (2007). Die angegebenen Verwerfungsraten basieren auf der Auswertung pliozäner und quartärer Ablagerungen.

Hypothesen liegen zumeist darin begründet, dass (1) die vorgestellten Schlussfolgerungen auf wenigen konkreten Gelände- und Laborbefunden basieren, (2) theoretische Überlegungen dominieren und ungeprüft auf das Untersuchungsgebiet übertragen werden, (3) weit über das Untersuchungsgebiet hinausgehende, von deduktiven Ansätzen geleitete Korrelationen aufgestellt werden oder (4) pauschale, zumeist sogar spekulative Annahmen gemacht werden.

Die kritische Überprüfung der bisherigen Hypothesen macht deutlich, dass der Weg hin zu einer überzeugenden, realistischen und die örtlichen Verhältnisse in Betracht ziehenden Erklärung des Phänomens allein über räumlich hochauflösende geowissenschaftliche Untersuchungen der Olympia-Terrasse als Sedimentarchiv führen kann. Dies wurde bereits von Wagstaff[140] erkannt und ist die Grundmotivation für die hier vorgestellte systematische geomorphologisch-sedimentologische Studie zur Entschlüsselung des Rätsels um die Verschüttung Olympias.

5.2 Küstenstandorte und Olympia-Terrasse im stratigraphischen Vergleich

Die stratigraphischen Abfolgen, die für Standorte aus dem Kladeos-Tal und südlich der Altis beschrieben wurden (Abb. 14 und 16) zeigen im unmittelbaren Vergleich mit Schichtenabfolgen von Küstenstandorten (Abb. 22) zahlreiche Übereinstimmungen und Ähnlichkeiten. Allen Stratigraphien ist gemein, dass vorherrschend feinkörnige, schluffdominierte Sedimente, welche in langsam fließenden oder gar stehenden Gewässern zum Absatz kamen, mehrfach von gut abgrenzbaren Lagen aus gröberklastischem, meist sandig-kiesigem Material unterbrochen werden. Letztere sind aufgrund spezieller sedimentologischer Charakteristika – wie beispielsweise basaler Erosionsdiskordanzen, fining upward-Zyklen, Intraklasten aus Material des Liegenden – hochenergetischer Natur und spiegeln abrupt eintretende, impulsgesteuerte extreme Sedimentationsereignisse wider. Zudem sind sie häufig mit Keramikfragmenten assoziiert, was eine unmittelbare Beeinflussung des damals vor Ort lebenden Menschen dokumentiert. Schließlich finden sie sich an der Küste wie auch an Inlandstandorten stets in Verbindung mit Resten mariner Faunen, die mitunter schilllagenartig auftreten. An Küstenstandorten zeigen letztere unmittelbaren Meereseinfluss an. Im Umfeld von Olympia sind sie zwar möglicherweise aus dem Anstehenden wiederaufgearbeitet, aber dennoch reflektieren sie extreme Abtragungsprozesse, die mit dem gewöhnlichen Abflussgeschehen nicht erklärt werden können.

Stellvertretend für Korngrößenanalysen, die an zahlreichen Bohrkernen durchgeführt wurden, sind in Abb. 27 dem küstennahen Standort AGI 5 bei Aghios Ioannis Korngrößendaten des Bohrpunktes ALP 5 südlich der Altis gegenübergestellt. Insbesondere die Sandfraktion (63–2000 µm) zeigt deutlich den an beiden Standorten abrupt einsetzenden Hochenergie-Einfluss. Die Phasen besonders ruhiger Sedimentation sind am Küstenstandort AGI 5 länger ausgeprägt, was insbesondere daran liegt, dass Sedimente dort vorwiegend unter limnischen Bedingungen abgelagert wurden, während im Kladeos-Tal unter gewöhnlichen Bedingungen fluvial transportiertes Sediment naturgemäß einen höheren energetischen Aufwand voraussetzt.

Die Sandeinschwemmungen am Standort AGI 5 sind eindeutig tsunamigenen Ursprungs[141]. Vor dem Hintergrund der Unzulänglichkeiten bisheriger Erklärungsansätze für die Verschüttung Olympias[142] sowie aufgrund der Ähnlichkeiten in der allgemeinen stratigraphischen Struktur, in den sedimentologischen Charakteristika wie auch in der Korngrößenzusammensetzung zwischen Bohrkernen tsunamigen beeinflusster Küstenstandorte und Bohrkernen aus der Umgebung von Olympia, kann und darf eine Beeinflussung der Tal- und Landschaftsgenese und damit der Sedimentarchive im Umfeld von Olympia durch Tsunamigesteuerte Extremereignisse nicht *a priori* ausgeschlossen werden.

5.3 Vergleich geochemischer Fingerabdrücke zwischen heutiger Küste und Olympia

In holozänen Küstenarchiven eingeschaltete Paläotsunamite können mittels charakteristischer geochemischer Fingerabdrücke identifiziert werden. Für diesen Zweck geeignete Indizes sind beispielsweise das Ca/Fe-Verhältnis oder das Ca/Ti-Verhältnis von Sedimenten, die bereits zur Erforschung der Tsunami-Beeinflussung von Küstenabschnitten Akarnaniens, Kephallonias und der westlichen Peloponnes mit Erfolg eingesetzt wurden[143]. Zur Detektion möglicher Tsunami-Schichten wird der Verlauf dieser Verhältniszahlen über das Tiefenprofil betrachtet. Setzt man das Bestehen eines ökosystemaren Gleichgewichts für jeden Ablagerungsraum voraus, und damit mehr oder weniger gleichbleibende Stoffflüsse über die Zeit hinweg, so sollten sich die genannten Indizes unter Normbedingungen auf einem mehr oder weniger einheitlichen Niveau bewegen. Ein starkes und abruptes Ansteigen der genannten Indizes kann auf den erhöhten Eintrag marin produzierten biogenen Kalziumkarbonats ($CaCO_3$) in Form von Muschelschalen und Gehäusen von Gastropoden (Schnecken), Kammerlingen (Foraminiferen) oder Muschelkrebstieren (Ostracoden) zurückzuführen sein. Im Gegensatz dazu bedingen lang andauernde subaerische Verwitterung und Bodenbildungsprozesse eine relative Anreicherung von Eisen- und Titanverbindungen, was eine Erniedrigung des Index zur Folge hat. An küstennahen Standorten spiegeln Ca/Fe- bzw. Ca/Ti-Verhältniszahlen also unmittelbar den Einfluss vorwiegend marin oder terrestrisch gesteuerter Überprägung von Sedimentsenken wider. Nichtsdestotrotz müssen bei der Evaluierung der Kurvenverläufe korngrößenbedingte Maskierungseffekte oder die Beeinträchtigung durch sekundär ausgefälltes Kalziumkarbonat berücksichtigt werden[144].

In Abb. 28 sind stellvertretend für die Standorte Pheia, Aghios Ioannis und Olympia die Tiefenverläufe von Ca/Fe-Werten der drei Profile AND 6, AGI 5 und ALP 5 einander gegenübergestellt. Der unmittelbare Vergleich mit der Bohrkernstratigraphie ergibt für AND 6 maximale Ca/Fe-Werte für Schichten, die als tsunamibürtig betrachtet werden (Abb. 22 und 28). Für das Profil AGI 5 finden sich die stärksten Ausschläge ebenfalls für Tsunami-Lagen der oberen 2,5 Profilmeter. Die beiden älteren Tsunamite lassen sich im Kurvenverlauf zwar auch erkennen, allerdings treten im 7. Bohrmeter zusätzliche sedimentär bedingte Sekundäreffekte inmitten mächtiger Seesedimente auf. Willershäuser und andere[145] beschreiben für das tsunamigene Rückstromsediment bei Kato Samiko abrupte und sehr hohe Zunahmen der Ca/Ti-Werte auf das 8- bis 10-fache des gewöhnlichen Hintergrunds. Für das Profil ALP 5 südlich der Altis in Olympia lassen sich ebenfalls Abschnitte abrupten und starken Anstiegs des Ca/Fe-Index feststellen, die ohne Ausnahme mit dem Auftreten der Hochenergielagen zusammenfallen (vgl. Abb. 16–17. 28). Lediglich die an der Basis des Profils ALP 5 ermittelte Kies-Sand-Abfolge lässt aufgrund pedogenetisch bedingter Dekalzifizierung und korngrößenbedingter Maskierung nur leicht erhöhte Ca/Fe-Werte erkennen.

Vor dem Hintergrund der Tatsache, dass als tsunamigen erkannte Sedimentschichten der hier vorgestellten küstennahen Standorte Pheia und Aghios Ioannis durch hohe Ca/Fe-Verhältniszahlen

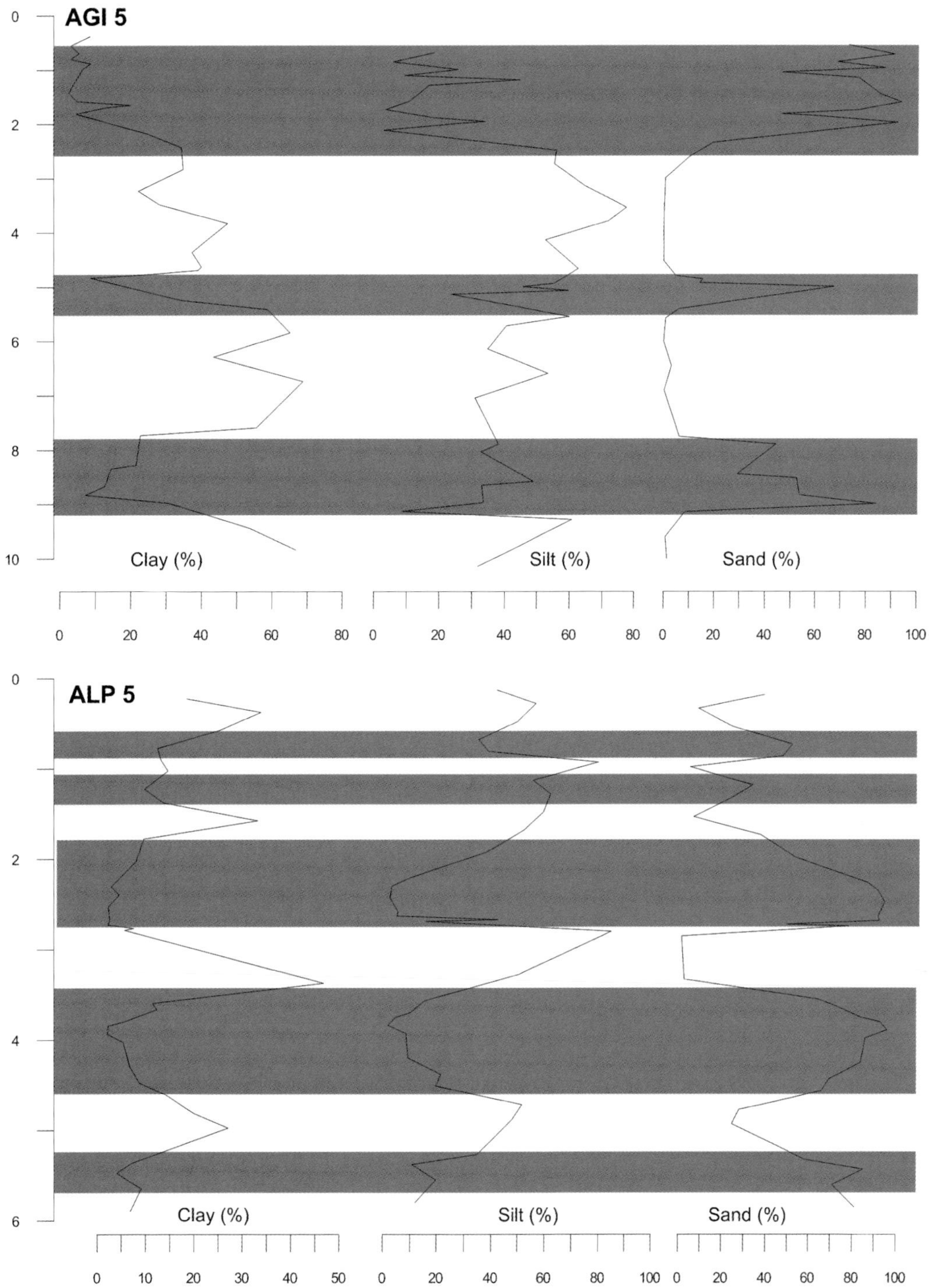

Abb. 27 Ergebnisse der Korngrößenanalyse für Sedimentproben des küstennahen Bohrprofils AGI 5 sowie des Bohrprofils ALP 5 aus dem Gebiet südlich der Altis.

identifizierbar sind[146] und die am Bohrpunkt ALP 5 ermittelte Sedimentabfolge geochemisch völlig gleichartige Eigenschaften aufweist, kann und darf eine tsunamigene Beeinflussung der Umgebung von Olympia nicht *a priori* ausgeschlossen werden. Dies gilt umso mehr, wenn die Gleichartigkeit stratigraphischer und sedimentologischer Merkmale hinzugezogen und insgesamt das Fehlen eines überzeugenden alternativen Erklärungsansatzes berücksichtigt wird.

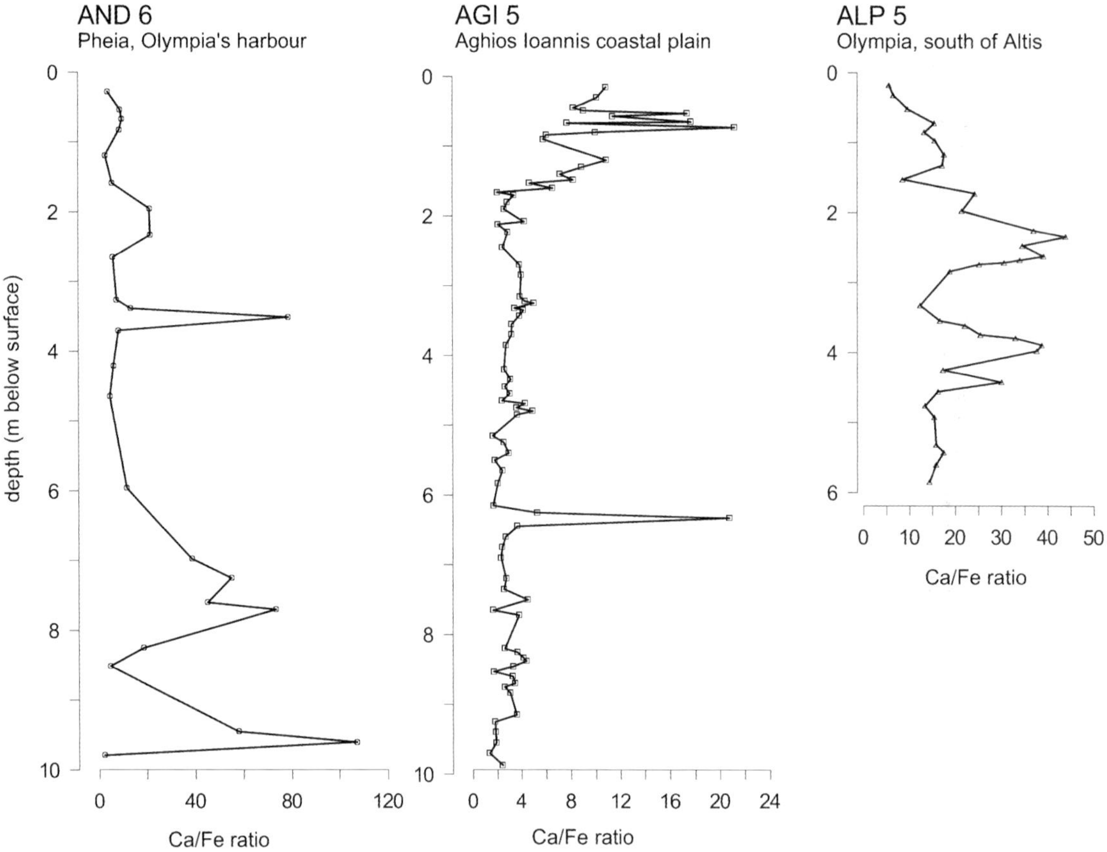

Abb. 28 Vergleichende Darstellung von Vertikalverläufen des Ca/Fe-Index für die küstennahen Bohrprofile AND 6 und AGI 5 sowie für das Bohrprofil ALP 5 aus dem Gebiet südlich der Altis. Weitere Erläuterungen: siehe Text.

5.4 Die Olympia-Tsunami-Hypothese (OTH) als alternativer Erklärungsansatz

Keine der bislang publizierten Hypothesen ist in der Lage, eine stichhaltige und in allen Punkten zufriedenstellende Antwort auf die Frage nach der Ursache der sedimentären Verschüttung Olympias zu geben[147]. Basierend auf der Erkenntnis, dass die Olympia-Terrasse, in der die archäologischen Reste Olympias begraben lagen, eine Schlüsselrolle einnimmt, wurden im Rahmen unserer Forschungen erstmals systematische geomorphologisch-sedimentologische Untersuchungen zu ihrer Genese durchgeführt. Die hier vorgestellten Ergebnisse belegen, dass Olympia zwischen der frühen Bronzezeit und dem Mittelalter mehrfach durch katastrophische Hochenergie-Ereignisse getroffen wurde[148]. Geowissenschaftliche Untersuchungen entlang eines regionalen Transektes entlang der Olympia-Terrasse im Kladeos- und Alpheios-Tal bis zu den Küstenniederungen am Golf von Kyparissia haben frappierende Übereinstimmungen in der stratigraphischen, sedimentologischen und geochemischen Grundstruktur der betrachteten Bohrprofile ans Licht befördert (Abb. 14. 16. 19. 22). Im Rahmen weiterer interdisziplinärer Studien konnte gezeigt werden, dass das Faziesmuster von Bohrkernen der Küstengebiete im Untersuchungsgebiet auf den Einfluss von wiederholten Tsunami-Ereignissen seit dem mittleren Holozän zurückzuführen ist[149]. Basierend auf diesen Ergebnissen werden im Folgenden die Grundzüge der Olympia-Tsunami-Hypothese (OTH) erläutert, die von der Möglichkeit einer tsunamigen verursachten Überschwemmung Olympias ausgeht (Abb. 29).

5.4.1 Einbruch von Tsunami-Wassermassen in das Becken von Flokas-Pelopio

Die unmittelbare Exposition und Nähe der Küste zum bekanntermaßen Tsunamis verursachenden Hellenischen Graben bedingen eine verstärkte Anfälligkeit der Region gegenüber Tsunami-

Ereignissen. Die im Rahmen unserer Untersuchungen durchgeführten numerischen Simulationen haben gezeigt, dass unter bestimmten Voraussetzungen[150] Tsunami-Wassermassen unmittelbar oder durch Wellenrefraktion am Kap Katakolo bedingt die heutige Küstenlinie bei Aghios Ioannis und Pyrgos komplett überfluten und einige Kilometer landeinwärts vordringen können. Ebenso wie im Gebiet südlich der Alpheios-Mündung, welches auflaufenden Tsunami-Wellen direkt ausgesetzt ist, sind dort der landwärtigen Ausdehnung der Wassermassen durch die aufragenden Tertiärhügelketten jedoch starke Grenzen gesetzt. Die einzige offene Stelle in diesem System stellt das in die Küstenniederung mündende Alpheios-Tal dar, das mittig in der im Querschnitt einem Parabol-Halbspiegel ähnelnden Küstenkonfiguration des Golfs von Kyparissia liegt. Basierend auf Geländebefunden und Simulationssergebnissen nimmt die OTH an, dass Tsunami-Wassermassen in Form eines Wellenzuges mit bis zu zehn Einzelwellen[151] auf die Küste treffen und, verstärkt durch gegebenenfalls eintretende Refraktionseffekte am Kap Katakolo, aufgrund der großen Wellenlänge an der einzig möglichen Stelle in das untere Alpheios-Tal einströmen. Hierbei muss von beträchtlichen Einströmdauern ausgegangen werden. Im Falle des Boxing Day-Tsunamis von 2004 betrug die Einströmdauer bei Phuket, Thailand, mehrere Minuten pro Welle und insgesamt bis zu 30 Minuten[152], im Falle des Japan-Tsunamis 2011 nördlich des Sendai-Flughafens insgesamt mindestens 40 Minuten[153]. Im Gegensatz dazu kann sich der Wasserabfluss hingegen über Stunden bis Tage hinziehen. Wie bereits erläutert[154] kommt es bei einem solchen Szenario im Bereich des Engtalabschnittes zwischen Alfios und Strefi zunächst zu einer Kanalisierung und Beschleunigung des Wasserstroms der ersten Welle. Beim Einlaufen in das Becken von Flokas-Pelopio ist dann mit einer starken Verlangsamung der Strömung aufgrund von Divergenzeffekten zu rechnen. Der Wasserabfluss aus dem Becken zurück ins Meer ist demnach stark verlangsamt und so lange verhindert, wie der Engtalabschnitt durch einströmende Wassermassen der zweiten und weiteren Folgewellen des Tsunami-Wellenzugs blockiert ist. In diesem Fall kommt es zu einer beträchtlichen Wasserstandserhöhung im Becken selbst, die durch den Effekt aufeinander auflaufender und sich dadurch gegenseitig erhöhender Tsunami-Wellen noch verstärkt werden kann.

5.4.2 Tsunamigene Überflutung des Kladeos-Tals

Die von Röbke und anderen[155] berechneten Überflutungsszenarien für den Fall eines extremen Tsunami-Ereignisses aus westlicher Richtung zeigen, dass die Wasserstandserhöhung im Becken von Flokas-Pelopio zu einem direkten Wasserübertritt ins mittlere Alpheios-Tal im Bereich des Durchbruchs durch den Drouva-Rücken führen kann. Eine unmittelbare Beeinträchtigung des Kladeos-Tals ist jedoch nur denkbar, wenn der nördliche Drouva-Rücken zwischen Flokas und Platanos direkt überflutet wird (Abb. 29). Dafür kommen insbesondere zwei tief eingeschnittene Joche in Frage. Das nördliche Joch wird von der modernen Umgehungsstraße in Richtung Osten, das südliche Joch von der Eisenbahnlinie Pyrgos-Olympia und der neuen Zufahrtsstraße nach Olympia genutzt. Die heutige Höhenlage des tieferen südlichen Jochs beträgt rund 65 m ü. M., ist jedoch durch den Straßen- und Gleisbau um mehrere Meter erhöht worden. Zudem sind an den das Joch flankierenden Hängen deutliche Spuren von Hangrutschungen zu erkennen, so dass von einer Erhöhung der Passsituation durch abgerutschtes Bodenmaterial und anstehendes Gestein ausgegangen werden muss. Nimmt man eine tsunamigene Überströmung des Drouva-Rückens an dieser Stelle an, so strömen die Wassermassen in der Folge das Tal des Plataneiko hinab und treffen unterhalb von Koskinas auf den Kladeos. Für den Hauptteil der Wassermassen ist mit einem weiteren Abfluss kladeosabwärts zu rechnen; da sich der Querschnitt des Kladeos-Tals auf Höhe des alten Museums von Olympia allerdings deutlich verengt, muss aufgrund des eintretenden Rückstaus jedoch auch von einer kladeosaufwärts gerichteten Teilströmung ausgegangen werden. Im Zuge der nachlassenden Strömung werden mitgeführte Sedimente abgesetzt. Mit dem anschließend beginnenden, dem Kladeos-Tal folgenden Rückfluss erfolgt eine breit angelegte erosive Zerschneidung der tsunamigen aufgeschütteten Terrasse. Die Tatsache, dass die Olympia-Terrasse im Bereich des Plataneiko-Nebentals heute unzerschnitten vorliegt, lässt sich damit erklären, dass der erosiv wirkende Rückstrom der Wassermassen hauptsächlich über das Kladeos-Tal verläuft, während das Plataneiko-Tal selbst lediglich von einströmenden Wassermassen in Richtung Kladeos durchflossen wird.

Die OTH geht weiterhin davon aus, dass es nach Durchlaufen des unteren engen Kladeos-

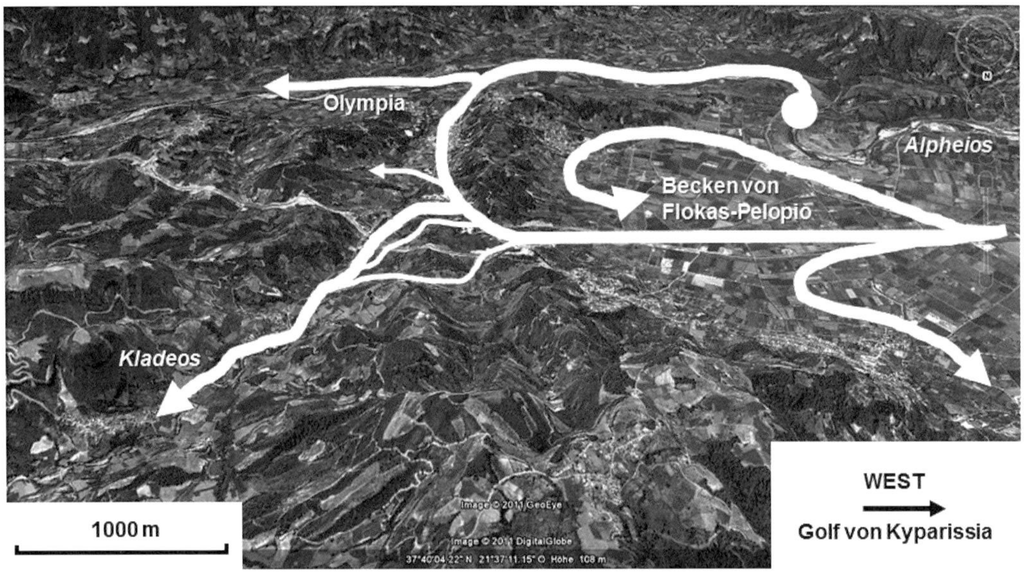

Abb. 29 Schematische Darstellung zur Olympia-Tsunami-Hypothese (OTH) auf der Grundlage eines vogelperspektivischen Blicks nach Süden über das Kladeos-Tal, das mittlere Alpheios-Tal sowie das Becken von Flokas-Pelopio. Der Engtalabschnitt des unteren Alpheios-Tals sowie die Mündung des Alpheios in den Golf von Kyparissia befinden sich rechts außerhalb des Bildrandes. Weitere Erläuterungen: siehe Text.

Talabschnittes und Ausbrechen der Flutströme in Richtung Altis auf der Höhe der südlichen Bereiche der antiken Stätte zur Strömungsdivergenz und zum schwemmfächerartigen Absatz von Sedimenten der Olympia-Terrasse kommt.

5.4.3 Abflussrückstau am Alpheios-Durchbruch durch den Drouva-Rücken

Im OTH-Szenario einer tsunamigenen Überflutung des Drouva-Rückens zwischen Flokas und Platanos treffen die Wassermassen nach Durchfluss durch das Kladeos-Tal südlich von Olympia auf den Alpheios. Anschließend gibt das vorherrschende Gefälle einen direkten Abfluss in das Bekken von Makrisia vor. Am Alpheios-Durchbruch durch den Drouva-Rücken ist zunächst allerdings von einer Abflussblockierung auszugehen, die durch direkt an dieser Stelle einströmende Tsunami-Wassermassen (Abb. 25) beziehungsweise durch die tsunamigen bedingten hohen Wasserstände im Becken von Flokas-Pelopio verursacht wird. Weiterhin aus dem Kladeos-Einzugsgebiet nachströmendes Wasser wird daher teilweise alpheiosaufwärts ausweichen müssen und dort zu Sedimentablagerungen führen. Ein vollständiger Abfluss der Tsunami-Wassermassen aus dem mittleren Alpheios-Tal oberhalb des Drouva-Durchbruchs ist erst möglich, nachdem das Becken von Flokas-Pelopio selbst entleert ist (Abb. 29). Während der Einströmphase entlang des mittleren und unteren Alpheios abgelagerte Hochenergiesedimente werden im Zuge der Rückstromdynamik in Form von breiten Rinnen erosiv ausgeräumt, so dass lediglich Terrassenleisten übrig bleiben. Bahlburg und Spiske[156] beschreiben Erosionsrinnen aus Chile, die durch hochenergetischen Rückstrom im Zuge des dortigen Tsunamis 2010 entstanden sind. Ein solches Szenario für die Entstehung der Olympia-Terrasse steht in Übereinstimmung mit den hier vorgestellten geomorphologisch-sedimentologischen Befunden aus den untersuchten Teilgebieten und liefert eine plausible Erklärung für die Existenz der Olympia-Terrasse bis nahe der heutigen Küste.

Da im Untersuchungsgebiet vor allen Dingen stark rutschungsgefährdete pliozäne Mergel anstehen, muss im Zuge einer angenommenen Überflutung insbesondere für die beschriebenen Abschnitte des Kladeos-Tals von einer unterschneidungsbedingten Auslösung zahlreicher Massenbewegungsereignisse ausgegangen werden, die möglicherweise zu kleineren Flussaufstauungen führen.

5.5 Holozäne Meeresspiegelentwicklung und Küstenwandel im Alpheios-Tal

Im Rahmen einer Plausibilitätskontrolle der OTH müssen auch lokale relative Meeresspiegelverän-

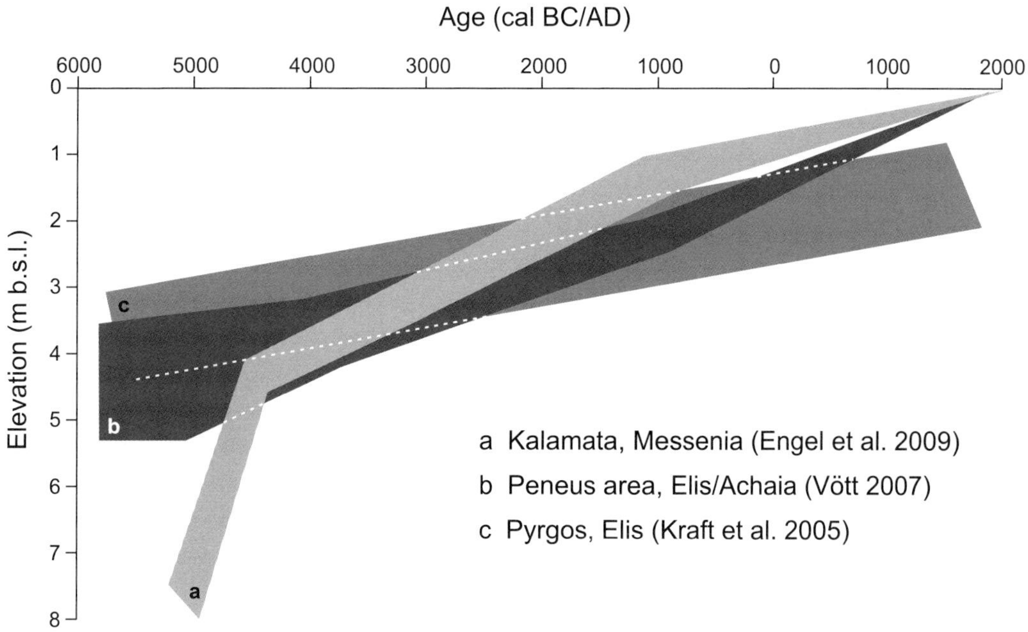

Abb. 30 Relativer Meeresspiegelanstieg seit dem mittleren Holozän für die westliche und südliche Peloponnes nach einer Zusammenstellung von Vött et al. (2011a). Die Kurven basieren auf der Auswertung sedimentologischer Meeresspiegelindikatoren.

derungen sowie Küstenlinienverschiebungen in Betracht gezogen werden. Die für die westliche Peloponnes vorliegenden relativen Meeresspiegelkurven für die Küstenebene von Kalamata[157], die Umgebung von Pyrgos[158] sowie den Mündungsbereich des Peneus und die Küstenebene von Elis[159] zeigen einen im Allgemeinen übereinstimmenden kontinuierlichen Meeresspiegelanstieg seit dem 5. Jahrtausend v. Chr. (Abb. 30). Lediglich für den davor liegenden Zeitabschnitt zeigt die Kurve für Kalamata eine deutliche Abweichung. Mit Blick auf das untere und mittlere Alpheios-Tal kann daher davon ausgegangen werden, dass der relative Meeresspiegel nie höher war als heute. Zudem liegen keine Hinweise auf plötzliche, coseismische Vertikalbewegungen von Küstenabschnitten vor[160], mit denen eine Veränderung des Vorflutniveaus verbunden wäre. Die Olympia-Terrasse zwischen Olympia und der heutigen Küste mit Terrassenhöhen von wenigstens 5 m über der unteren (holozänen) Niederterrasse kann also nicht mit Hilfe von mittel- bis langfristigen Meeresspiegelfluktuationen erklärt werden.

Die in Abb. 19 vorgestellte Bohrung ALP 7 stellt eine Besonderheit dar, da es mit Hilfe der an ihrer Basis *in situ* vorgefundenen Litoralsande unter Zuhilfenahme der von Vött[161] beschriebenen relativen Meeresspiegelentwicklung möglich ist, die paläogeographische Entwicklung der Küste nachzuvollziehen[162]. Unter Berücksichtigung des Fehlerintervalls kann die bei ALP 7 erfasste Paläoküstenlinie auf den Zeitraum 2200–800 cal BC datiert werden. Aus den Beschreibungen Strabos[163] geht hervor, dass der Heilige Hain der Alpheiusa nahe der Mündung des Alpheios rund 80 Stadien von Olympia entfernt liegt. Bei einer Stadionlänge von 190 m entspricht dies 15,2 km. Für die Zeit um Christi Geburt muss also angenommen werden, dass die Küste des Golfs von Kyparissia unmittelbar mit der küstenwärtigen Begrenzung des Tertiärhügellands zusammentrifft und die heutige Küstenniederung nicht existierte (Abb. 31). Dies resultiert in einer Küstenlinienverschiebung von ca. 4 km alpheiosaufwärts in den vergangenen 2000 Jahren sowie weiteren 4 km alpheiosaufwärts für die davor liegenden eineinhalb Jahrtausende, eine Zeit, für die mit Hilfe des Standorts ALP 7 die Paläoküstenlinie ermittelt werden konnte (2200–800 cal BC entspricht 1500 ± 700 cal BC). Bei gleichbleibenden Meeresspiegelanstiegsraten (vgl. Abb. 30) ist zudem zu vermuten, dass im mittleren Holozän (ca. 5000–4000 cal BC) die Küste des Golfs am östlichen Ende des Beckens von Flokas-Pelopio lag.

Wird berücksichtigt, dass die Küste des Golfs von Kyparissia zur Zeit der ersten Besiedlung Olympias, während seiner Blütezeit und bis in die

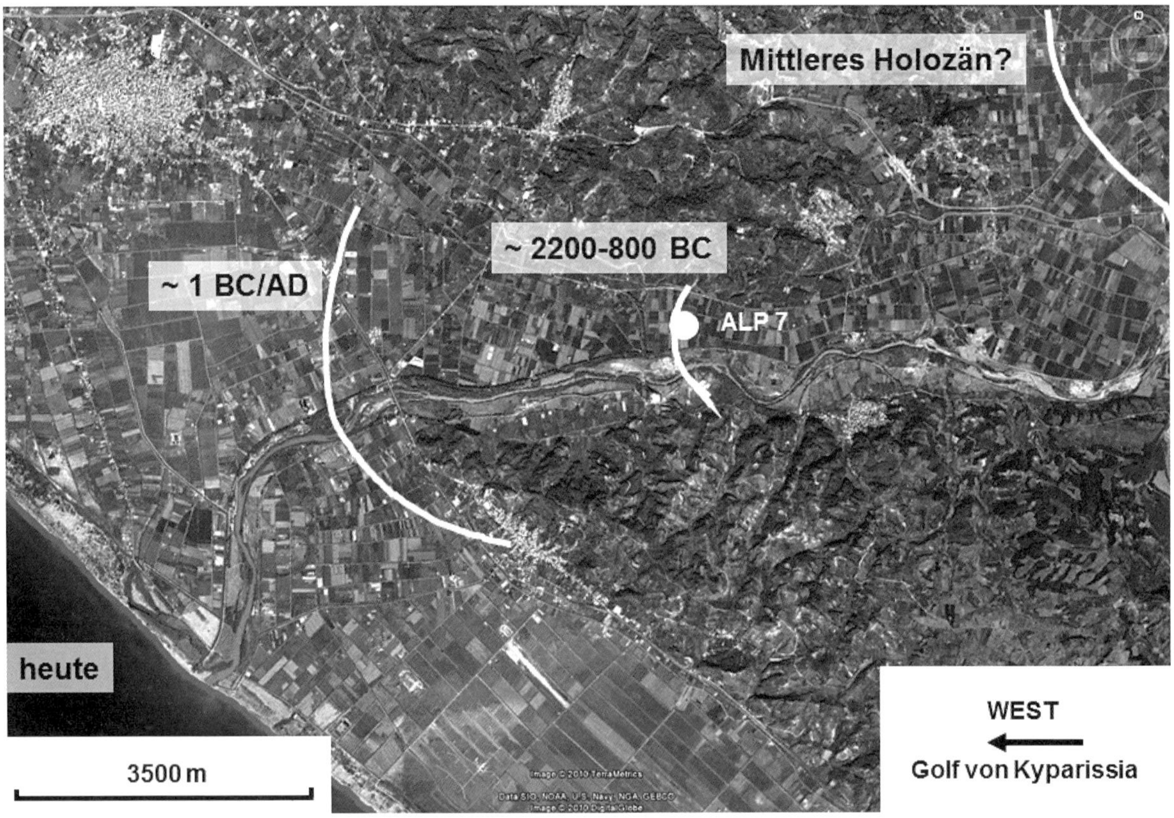

Abb. 31 Paläogeographische Entwicklung der Küstenlinien im Golf von Kyparissia im Mündungsbereich des Alpheios. Schematische Darstellung auf der Grundlage historischer Überlieferungen und geomorphologischer Untersuchungen. Weitere Erläuterungen: siehe Text.

römische Epoche hinein mehrere Kilometer weiter alpheiosaufwärts lag, ergibt sich für Olympia selbst eine deutlich höhere Gefährdung durch Tsunami-Einflüsse als dies die heutigen Verhältnisse vermuten lassen. Die von Röbke und Kollegen[164] durchgeführten Modellrechnungen basieren auf der heutigen Küstenkonfiguration; bei Annahme einer weiter landeinwärts liegenden Küste ist von einem zusätzlich verstärkten Wasserauflauf im Becken von Flokas-Pelopio auszugehen.

Es bleibt festzuhalten, dass die OTH einer Überprüfung hinsichtlich raum-zeitlicher Schwankungen des relativen Meeresspiegels standhält. Wird der paläogeographische Küstenwandel berücksichtigt, so kann die OTH ebenfalls nicht falsifiziert werden, sondern gewinnt eher mehr an Gewicht.

6. Die Olympia-Tsunami-Hypothese im Test – weitere Schritte

Die OTH steht im Einklang mit den hier vorgestellten Ergebnissen systematischer geomorphologisch-sedimentologischer Untersuchungen zur Genese der Olympia-Terrasse. Aus vergleichender stratigraphischer, sedimentologischer und geochemischer Sicht kann sie nicht falsifiziert werden. Numerische Simulationen einer tsunamigenen Überflutung des Golfs von Kyparissia sind ebenfalls nicht geeignet, die OTH zu verwerfen. Die OTH basiert auf dem größten bislang erhobenen Gelände- und Labordatensatz und stellt die bislang plausibelste Erklärung für die Verschüttung Olympias dar. Nichtsdestotrotz muss sie weiteren Überprüfungen standhalten; dies gilt insbesondere vor dem Hintergrund, dass die heutige große Entfernung Olympias zur Küste und die geschützte Lage im Schatten des Drouva-Rückens am Zusammenfluss von Kladeos und Alpheios einem direkten marinen Einfluss scheinbar entgegenstehen. Die OTH kann allerdings erst dann als falsifiziert und damit abgelehnt angesehen werden, wenn belastbare geowissenschaftliche und geoarchäologische Befunde gegen sie sprechen und eine anderweitige Erklärung favorisieren. Im Folgenden werden die weiteren Schritte zur Überprüfung der Olympia-Tsunami-Hypothese skizziert.

Mikrofossilanalytische Untersuchungen

Mikrofossilanalytische Untersuchungen an Sedimenten der Olympia-Terrasse entlang eines Transektes von der Küste bis nach Olympia sollen klären helfen, ob und inwiefern ein unmittelbarer Einfluss seitens eindringender Tsunami-Wassermassen aus dem Golf von Kyparissia auf die weiter landeinwärts liegenden Standorte stattgefunden hat. Hierzu werden vergleichende Untersuchungen an rezentem Strandmaterial sowie an Proben des im Umfeld von Olympia anstehenden Gesteins durchgeführt, um potentiell tsunamigen eingetragene holozäne Fossilreste von potentiell umgelagerten plio-pleistozänen Fossilresten trennen zu können.

Numerische Simulationen

Numerische Simulationen von Tsunami-Überflutungsszenarien werden unter Berücksichtigung sich in Raum und Zeit ändernder Meeresspiegelstände und Küstenlinienkonfigurationen zu bewerkstelligen sein. Weiterhin müssen die erhaltenen Simulationsergebnisse zur Plausibilitätsprüfung stets mit Gelände- und Laborbefunden verglichen werden. Perspektivisch ist die Weiterentwicklung eines rein hydrodynamischen Modells zu einem Modell geplant, welches Sedimentabtrag, Sedimenttransport und -wiederablagerung abbildet.

Geoarchäologische Detailstudien

Ausgehend von Schichtenbeschreibungen und photographischen Dokumentationen, die im Laufe der archäologischen Ausgrabungen Olympias angelegt wurden, ist die Rekonstruktion des Schichtengebäudes für den heute ausgegrabenen Bereich Olympias aus geoarchäologischer Sicht von besonderem Interesse. Sie muss unter besonderer Berücksichtigung geomorphologisch-sedimentologischer Aspekte erfolgen. Kalibriert werden können diese Auswertungen anhand von Bohrkernstratigraphien nicht ausgegrabener Bereiche und mittels exemplarischer geoarchäologischer Detailaufnahmen von noch bestehenden stratigraphisch vollständig erhaltenen Abschnitten im Grabungsbezirk. Hierfür kommen beispielsweise Stellen entlang der Kladeosmauer oder südlich und östlich der Altis in Betracht. Für diese Arbeiten ist eine gleichzeitige, stark verflochtene, interdisziplinäre Herangehensweise von geomorphologischer und archäologischer Seite unabdingbar.

Hochauflösende geochronologische Studien

Mittels hochauflösender geochronologischer Studien wird ein unmittelbarer Vergleich der Paläotsunami-Ereignis-Chronologie, wie sie bereits in Teilen für den Golf von Kyparissia vorliegt, mit der Katastrophen-Ereignis-Chronologie Olympias angestrebt. Hierbei finden die Methoden der archäologischen Altersbestimmung diagnostischer Keramikfunde, der Radiokohlenstoffdatierung von organischen Inhaltsstoffen begrabener Schichten und der Lumineszenzdatierung von Sedimentationsaltern gleichermaßen Anwendung. Im Zentrum steht die Überprüfung der Frage, ob es neben stratigraphischen, sedimentologischen und geochemischen Übereinstimmungen auch Hinweise auf ein zeitliches Zusammenfallen der Hochenergie-Ereignisse küsten- wie landeinwärts gibt.

7. Zusammenfassung

Das Rätsel um die Verschüttung Olympias beschäftigt seit Jahrzehnten zahlreiche Wissenschaftler unterschiedlicher Disziplinen, vor allem der Archäologie und der Geomorphologie. Insbesondere die Überdeckung der seit 1875 systematisch ausgegrabenen archäologischen Reste der antiken Kultstätte mit bis zu 6 m mächtigen Sedimentschichten seit dem Verbot der Olympischen Spiele im 4. Jh. n. Chr. und dem Wüstfallen der Stätte vermutlich im 7. Jh. n. Chr. ist mit vielen Fragen verbunden. Der heutige Besucher durchwandert die ursprünglich inmitten der Ablagerungen der Olympia-Terrasse begrabenen und nun freiliegenden Reste Olympias meist ohne sich der komplexen Verschüttungsgeschichte bewusst zu sein.

Die im Rahmen der hier vorgestellten Studie durchgeführten neuen geomorphologisch-sedimentologischen und geoarchäologischen Untersuchungen stellen den ersten stringenten Ansatz zur Erfassung der Genese der Olympia-Terrasse und damit zur Entschlüsselung des Rätsels um die Verschüttung Olympias dar. Neben der Beschreibung und geographisch-geoarchäologischen Evaluierung bislang vorliegender Erklärungsansätze ist das Hauptziel unserer Untersuchungen die systematische und detaillierte Auswertung des Sedimentarchivs der Olympia-Terrasse entlang eines Transektes vom oberen Kladeos-Tal bis zur heutigen Küste. Hierzu wurden anhand von Bohrungen und geophysikalischen Verfahren geomorphologische, sedimentologische sowie geoarchäologische Untersuchungen an Bohrkernen sowie geochemische Analysen von Boden- und Sedimentproben durchgeführt und eine umfassende Datenbank für Paläoumwelt-Proxies aufgebaut. In den lokalen Bohrkernstratigraphien erfasste und mittels dieser Proxy-Daten charakterisierbare Labilitäts- und Aktivitätsphasen stellen das Grundgerüst für die Entwicklung der Olympia-Tsunami-Hypothese (OTH) zur Tal- und Landschaftsgenese im Raum Olympia dar. Die Ergebnisse unserer Untersuchungen können wie folgt zusammengefasst werden:

(1) Bereits existierende Hypothesen zur Erklärung der Verschüttung Olympias sind bislang keiner auf modernen, wissenschaftlichen Erkenntnissen fußenden Überprüfung unterzogen worden. Eine solche zeigt, dass viele Überlegungen den Charakter rein deduktiver, vorwiegend theoretischer Ansätze tragen und dabei gleichzeitig Alleingültigkeit beanspruchen. Besonders zu berücksichtigen ist, dass die meisten Veröffentlichungen zum Thema nicht oder nur in vernachlässigbaren Teilen auf belastbaren Daten eigener Untersuchungen vor Ort basieren.

Jene Hypothesen, welche die Verschüttung Olympias allein mit Hangrutschungen, dem Phänomen des Pheneos-Karstsees oder Lokaltektonik in Verbindung bringen, müssen als falsifiziert betrachtet werden. Alternative Hypothesen, die als alleinige Ursachen anthropogene Bodenerosion, katastrophische Niederschlagsereignisse und/oder hydrogeographische Sonderbedingungen postulieren, dürfen nicht als verifiziert betrachtet werden, solange sie auf dünner bis fehlender Datenlage basieren und mitunter rein spekulativen Charakter tragen. Alle bisherigen Ansätze liefern also keine plausible und wissenschaftlich fundierte Erklärung für die rätselhafte Überdekkung der Kultstätte Olympia mit Sedimenten.

(2) Unsere geomorphologischen Studien haben gezeigt, dass die Olympia-Terrasse nicht, wie bislang meist angenommen, auf das Kladeos-Tal und das mittlere Alpheios-Tal im Umfeld der Kladeos-Mündung beschränkt ist, sondern flussabwärts bis in rund 4 km Entfernung von der heutigen Küste des Golfs von Kyparissia verfolgt werden kann.

(3) Die Lokalstratigraphien entlang der Olympia-Terrasse zeigen große strukturelle Übereinstimmungen und lassen sich über weite Distanzen gut korrelieren. Die Geschichte der sedimentären Überdeckung Olympias hängt also unmittelbar mit der jüngeren Tal- und Landschaftsgeschichte des Kladeos- und des Alpheios-Tals zusammen.

(4) Bohrkerne aus dem Kladeos-Tal sowie aus dem Bereich südlich der Altis zeigen Lagen episodisch auftretender Hochenergie-Ereignisse, die zur Ablagerung mächtiger sandig-kiesiger, mitunter stark scherbenangereicherter Schichten geführt haben. Mittels geoarchäologischer Beobachtungen konnten im Umfeld des Zeus-Tempels korrelierende Ablagerungen aufgezeigt werden, die belegen, dass der Tempel in einem Zuge eingestürzt ist und von murartigen Hochenergie-Sedimentströmen erfasst wurde. Die Kultstätte ist demnach mehrfach von Hochenergie-Ereignissen aus dem Kladeos-Tal getroffen worden. Die Überschüttung Olympias mit Sedimenten hängt also in erster Linie mit katastrophischen Sedimenteinträgen und nicht mit der graduellen Terrainaufhöhung durch gewöhnliche Kladeos-Alluvionen zusammen.

(5) Vergleichend durchgeführte Untersuchungen im Küstengebiet des Golfs von Kyparissia haben geomorphologisch-sedimentologische Spuren mehrfacher starker Tsunami-Impakte seit dem Neolithikum hervorgebracht. Die stratigraphische Grundstruktur, die sedimentologischen Charakteristika sowie der geochemische Fingerabdruck der dort als tsunamigen belegten Hochenergie-Sedimente sind in weiten Teilen identisch mit jenen Eigenschaften, die für Bohrkerne von beträchtlich weiter landeinwärts liegenden Standorten ermittelt wurden. Hierzu gehören Bohrkerne aus dem Bekken von Flokas-Pelopio, dem mittleren Kladeos-Tal sowie dem Bereich unmittelbar südlich der Altis in Olympia.

(6) Die Ergebnisse einer numerischen Simulation unterschiedlicher Tsunami-Impakt-Szenarien im Golf von Kyparissia zeigen eine sehr gute Übereinstimmung mit geomorphologisch-sedimentologischen Spuren von Paläotsunamis entlang der Küste. Alle Szenarien dokumentieren, dass das untere Alpheios-Tal eine Sonderrolle einnimmt, indem es eine schlauchförmige, weit ins heutige Binnenland reichende Einströmung von Tsunami-Wassermassen bewirkt, mitunter bis an den Fuß des Drouva-Hügels unweit Olympia.

(7) Die Olympia-Tsunami-Hypothese (OTH) basiert auf der Übereinstimmung stratigraphischer, sedimentologischer und geochemischer Merkmale der vorgestellten Bohrprofile entlang des Transektes zwischen dem Kladeos-Tal und der heutigen Küste sowie auf den Ergebnissen numerischer Tsunami-Simulationen. Die OTH geht von einer Füllung des Beckens von Flokas-Pelopio durch mehrere Tsunami-Wellen aus, wodurch ein Überlauf der Wassermassen über tiefliegende Joche des Drouva-Rückens in das mittlere Kladeos-Tal erfolgt. Durchströmende Wassermassen bewirken den Absatz von mächtigen Hochenergie-Sedimenten im Kladeos- und Alpheios-Tal. Nach einer vorübergehenden Blockierung des Wasserabflusses kommt es zum erosiven Einschneiden breiter Rinnen.

(8) Die OTH kann auf Grundlage der vorliegenden stratigraphischen, sedimentologischen und geochemischen Daten nicht falsifiziert werden. Weitere Schritte zur Überprüfung der OTH sind die detaillierte mikrofossilanalytische Untersuchung von Hochenergie-Sedimenten, rezentem Strandmaterial und Anstehendem, die Weiterentwicklung numerischer Simulationen, die Durchführung geoarchäologischer Detailstudien sowie die vergleichende Erfassung hochauflösender Ereignis-Geochronostratigraphien für Küstenstandorte wie auch für die Umgebung von Olympia.

Danksagung

Besonderer Dank gebührt der Direktorin der Ephorie Olympia G. Chatzi-Spiliopoulou und ihrem Team für die Ermöglichung und Unterstützung unserer Arbeit vor Ort und vielfache Anregungen. Ohne die vielseitige Unterstützung von H.-J. Gehrke (Freiburg) wäre die Realisierung der Forschungen nicht denkbar gewesen. Bei der Durchführung der umfangreichen Gelände- und Laborarbeiten haben zahlreiche Personen mitgewirkt. Mein Dank gilt insbesondere den Mitgliedern meiner Arbeitsgruppe Naturrisiko-Forschung und Geoarchäologie am Geographischen Institut der Johannes Gutenberg-Universität Mainz, K. Emde, P. Fischer, H. Hadler, P. Henning, S. Ludwig, V. Medinger, K. Ntageretzis, B. Röbke und T. Willershäuser. Korngrößenanalysen wurden von I. Berdicever bewerkstelligt. Für gemeinsame Geländearbeiten, kritische Anmerkungen und wichtige Diskussionsbeiträge danke ich A. Hoppe und R. Lehné (Darmstadt) sowie K. Reicherter und B. Koster (Aachen). H. Schüttrumpf und T. Wöffler haben numerische Simulationen an der RWTH Aachen durch B. Röbke möglich gemacht. Das Deutsche Archäologische Institut (DAI) in Person von R. Senff und K. Fuchs unterstützte uns logistisch wie in archäologischen Belangen. Alterseinschätzungen diagnostischer Keramik wurden dankenswerterweise von B. Eder (Freiburg) und F. Lang (Darmstadt) durchgeführt, die uns zudem mit Blick auf die regionale Klassische Archäologie tatkräftig unterstützten. Genehmigungen zur Durchführung geowissenschaftlicher Untersuchungen wurden vom Institute of Geology and Mineral Exploration (IGME), Athen, erteilt. Die Deutsche Forschungsgemeinschaft unterstützte die Forschungen im Rahmen einer Sachmittelbeihilfe (Gz. VO 938/3-1).

Anmerkungen

1 Curtius et al. 1876; Lang 1878; Curtius – Adler 1882; Boetticher 1886; Adler 1897; Huntington 1910.

2 Bücking 1882.

3 Büdel 1965; ders. 1981.

4 Kyrieleis 2002.

5 Kyrieleis 2011; Heilmeyer et al. 2012.

6 Zum Beispiel Mallwitz 1999 a, Moustaka 2012.

7 Heilmeyer et al. 2012.

8 Mallwitz – Schiering 1964, Textband S. 109; Gehrke 2012, 34; Sinn 2012, 109.

9 Christaras et al. 2002.

10 Bücking 1882, 317; IGME 1982.

11 IGME 1982.

12 Papanikolaou et al. 2007; Fountoulis – Mariolakos 2008.

13 Koukouvelas et al. 1996; Lekkas et al. 2000.

14 Papanikolaou et al. 2007.

15 IGME 1982.

16 Hollenstein et al. 2008; Mather 2009.

17 Papazachos – Dimitrius 1991.

18 Hadler et al. 2012.

19 Großmaßstäbige geologische Kartierung von Bükking 1882.

20 So z. B. von Dörpfeld 1935.

21 Vgl. Anm. 3

22 Kurzetz 1991.

23 Vgl. auch Hoppe et al. 2012.

24 Vgl. Anm. 3.

25 Büdel 1981, 262.

26 Wie Anm. 25.

27 Vgl. Anm. 3.

28 Büdel 1981, 264–265.

29 Büdel 1981, 264.

30 Huntington 1910, 659–667.

31 Huntington 1910, 666–667.

32 Butzer 2005.

33 Büdel 1981.

34 Butzer 2005, 1783.

35 Dufaure1976.

36 Fouache 1999.

37 Fouache – Pavlopoulos 2010.

38 Dufaure1976.

39 Fountoulis et al. 2008.

40 Büdel 1981.

41 Huntington 1910.

42 Vita-Finzi 1966; ders. 1969.

43 Vita-Finzi 1969, 80.

44 Vita-Finzi 1969, 115.

45 Wagstaff 1981; vgl. Huggett 2011, 45–46.

46 Fountoulis – Mavroulis 2008.

47 Bücking 1882, 321.

48 Siehe dazu auch Boetticher 1886, 45–46; Huntington 1910, 662.

49 Bücking 1882, 321–322.

50 Siehe auch Boetticher 1886, 45–46.

51 Boetticher 1886, 46.

52 Bücking 1882, 323.

53 Adler 1897.

54 IGSR 1954.

55 Strabo 8, 8, 4; Groskurd 1831, 114; Henderson 1927, 231–233.

56 Vgl. hierzu Clendenon 2010.

57 Clark 1858, 315–318; Frazer 1917, 316–319; Philippson 1959, 225; Grove – Rackham 2001, 294–295.

58 Frazer 1917, 663.

59 Curtius 1851, 189.

60 Hasluck 1937, 450.

61 Frazer 1917, 318.

62 Curtius 1851, 180.

63 Philippson 1959, 225.

64 Clark 1858, 312.

65 Frazer 1898, 262–263.

66 Philippson 1959, 225.

67 Leake 1830; Huntington 1910; Frazer 1917; Hasluck 1937; Philippson 1959; Higgins – Higgins 1996; Kraft et al. 2005.

68 Grove – Rackham 2001, 294–295.

69 Vgl. Huggett 2011, 239.

70 Kraft et al. 2005, 7.

71 IGMR 1980; IGME 1982.

72 Kraft et al. 2005, 5.

73 Kraft et al. 2005, 9, Tab. 1.

74 Vgl. Abschnitt 3.1 (S. 6–7).

75 DFG-Gz. VO 938/3-1.

76 Electrical Resistivity Tomography (ERT).

77 Iris Instruments.

78 Typ Cobra mk1/pro, Atlas Copco.

79 Typ RS 0/2.3, Nordmeyer.

80 Typ Topcon HiPer Pro.

81 Blume et al. 2011.

82 Typ Niton Xl3t 900S GOLDD, Thermo.

83 Deltares 2010, 187–268.

84 Röbke et al. 2012.

85 IGMR 1980; IGME 1982.

86 Wie Anm. 85.

87 IGME 1982.

88 Büdel 1965; Büdel 1981.

89 s. Abschnitt 4.3.1 (S. 15–18).

90 Vött et al. 2011a.

91 Vgl. dazu Abschnitt 5.4 (S. 36–38).

92 Stiros 1996, 141; Younger – Rehak 2009, 58.

93 Dinsmoor 1941, 416.

94 Vött 2011.

95 Vött et al. 2007.

96 Vött et al. 2009; May et al. 2011.

97 Vött et al. 2011b.

98 Vött et al. 2013.

99 Willershäuser et al. 2011.

100 Vött et al. 2011a.

101 Willershäuser et al. 2012.

102 Vött et al. 2011a.

103 Vött et al. 2010; Vött et al. 2011a.

104 Vött et al. 2011a.

105 Pillay 1966.

106 Willershäuser et al. 2012.

107 Vött et al. 2011a.

108 Delft3D, vgl. Abschnitt 4.1 (S. 13–14) sowie Röbke et al. 2012.

109 Vgl. Abschnitt 2 (S. 3–6).

110 Vött et al. 2011a.

111 Willershäuser et al. 2012.

112 Büdel 1965; Büdel 1981; vgl. Abschnitt 3.1 (S. 6–7).

113 s. z. B. Kurzetz 1991, Abb. 42.

114 Büdel 1981, 264.

115 Mallwitz 1999a; Mallwitz 1999b; Schillbach 1999.

116 Z. B. Müllenhoff et al. 200; Müllenhoff 2005.

117 Z. B. Fouache – Pavlopoulos 2010.

118 Schriever 2007, 89.

119 Lienau 1989.

120 Fountoulis – Mavroulis 2008.

121 Vgl. Abschnitt 3.2 (S. 7–9).

122 Wie Anm. 120.

123 Vgl. hierzu die Paläoklimakurven in Tzedakis et al. 2003; Bar-Matthews – Ayalon 2005 und 2011; Fouache – Pavlopoulos 2010, Fig. 10.2; Peyron et al. 2011, Fig. 5; Roberts et al. 2011a, Figs. 2 und 5; Roberts et al. 2011b, Fig. 5; Sadori et al. 2011, Fig. 2.

124 Büdel 1981, 262.

125 Kurzetz 1991, 80–85. 96–97. Abb. 42.

126 s. z. B. Dufaure 1976; Fouache 1999; Butzer 2005; Fouache – Pavlopoulos 2010; vgl. Abschnitt 3.2 (S. 7–9).

127 Kurzetz 1991, Abb. 23–26.

128 IGMR 1980; IGME 1982.

129 Büdel 1981, 264; vgl. Kraft et al. 2005 und Abschnitt 4.2 (S. 14–15).

130 IGME 1982.

131 Geyer – Gwinner 1991, 326; Hötzl 1996, 392.

132 Grove – Rackham 2001, 294–295; vgl. Abschnitt 3.5 (S. 10–13).

133 Vgl. Abschnitt 3.5 (S. 10–13).

134 Kraft et al. 2005.

135 IGME 1982.

136 Kraft et al. 2005, 10–11. 26–28.

137 Papanikolaou et al. 2007.

138 Vgl. Abschnitt 1 (S. 1–3).

139 Vött et al. 2011a.

140 Wagstaff 1981, 261.

141 Vgl. Abschnitt 4.7 (S. 24).

142 Vgl. Abschnitt 5.1 (S. 29–30).

143 Vött et al. 2011a; Vött et al. 2011b; Vött et al. 2013.

144 Vött et al. 2011a.

145 Willershäuser et al. 2012.

146 Vött et al. 2011a.

147 Abschnitt 5.2 (S. 33–34).

148 Vgl. Abschnitte 4.2 bis 4.6 (S. 14–24).

149 Vött et al. 2010; Vött et al. 2011a; Willershäuser et al. 2012; vgl. Abschnitt 4.7 (S. 24–27).

150 Vgl. Abschnitt 4.8 (S. 28–29).

151 Nott 2006, 110.

152 Choowong et al. 2008, 181–182.

153 Jaffe et al. 2012.

154 Abschnitt 4.8 (S. 28–29).

155 Röbke et al. 2012.

156 Bahlburg – Spiske 2012.

157 Engel et al. 2009.

158 Kraft et al. 2005.

159 Vött 2007.

160 Vött et al. 2010.

161 Vött 2007.

162 Vgl. Abschnitt 4.4 (S. 18–21).

163 Ca. 64/63 v. Chr. – 23 n. Chr.; Strabo 8, 3, 12; Groskurd 1831, 27; Henderson 1927, 45–49.

164 Röbke et al. 2012.

Verzeichnis der abgekürzt zitierten Literatur

Adler 1897

F. Adler, Geschichte des Untergangs der Baudenkmäler zu Olympia, in: E. Curtius – F. Adler (Hrsg.), Olympia. Ergebnisse der von dem Deutschen Reich veranstalteten Ausgrabung. Textband I, Topographie und Geschichte (Berlin 1897) 93–100

Bahlburg – Spiske 2012

H. Bahlburg – M. Spiske, Sedimentology of tsunami inflow and backflow deposits: key differences revealed in a modern example, Sedimentology 59, 2012, 1063–1086

Bar-Matthews – Ayalon 2005

M. Bar-Matthews – A. Ayalon, Evidence from speleothem for abrupt climatic changes during the Holocene and their impact on human settlements in the eastern Mediterranean region: dating methods and stable isotope systematics, Zeitschrift für Geomorphologie N. F., Suppl. 137 (Berlin – Stuttgart 2005) 45–59

Bar-Matthews – Ayalon 2011

M. Bar-Matthews – A. Ayalon, Mid-Holocene climate variations revealed by high-resolution speleothem records from Soreq Cave, Israel and their correlation with cultural changes, The Holocene 21 (2011) 163–171

Blume et al. 2011

H. P. Blume – K. Stahr – P. Leineweber, Bodenkundliches Praktikum. Eine Einführung in pedologisches Arbeiten für Ökologen, insbesondere Land- und Forstwirte, und für Geowissenschaftler [3](Heidelberg 2001)

Boetticher 1886

A. Boetticher, Olympia. Das Fest und seine Stätte. Nach den Berichten der Alten und den Ergebnissen der Deutschen Ausgrabungen [2](Berlin 1886)

Bücking 1882

H. Bücking, Vorläufiger Bericht über die geologische Untersuchung zu Olympia, Monatsberichte der Königlich Preussischen Akademie der Wissenschaften zu Berlin aus dem Jahre 1881 (Berlin 1882) 315–324

Büdel 1965

J. Büdel, Aufbau und Verschüttung Olympias – mediterrane Flußtätigkeit seit der Frühantike. Deutscher Geographentag 1963 Heidelberg. Tagungsberichte und wissenschaftliche Abhandlungen, Verhandlungen Dt. Geographentag 34 (Wiesbaden 1965) 179–183

Büdel 1981

J. Büdel, Klima-Geomorphologie [2](Berlin/Stuttgart 1981)

Butzer 2005

K. W. Butzer, Environmental history in the Mediterranean world: cross-disciplinary investigation of cause-and-effect for degradation and soil erosion, JASc 32, 2005, 1773–1800

Choowong et al. 2008

M. Choowong – N. Murakoshi – N. Hisada – P. Charusiri – T. Charoentitirat – V. Chutakositkanon – K. Jankaew – P. Kanjanapayont – S. Phantuwongraj, 2004 Indian Ocean tsunami inflow and outflow at Phuket, Thailand, Marine Geology 248, 2008, 179–192

Christaras et al. 2002

B. Christaras – I. Mariolakos – A. Dimitriou – E. Moraiti – D. Mariolakos, Slope instability at Olympia archaeological site in southern Greece. International Symposium "Landslides Risk Mitigation and Protection of Cultural and Natural Heritage" (Kyoto 2002) 339–342

Clark 1858

W. G. Clark, Peloponnesus: notes of study and travel (London 1858)

Clendenon 2010

C. Clendenon, Ancient Greek geographer Pausanias as a qualitative karst hydrogeologist, Ground Water 48/3, 2010, 465–470

Curtius 1851

E. Curtius, Peloponnesos. Eine historisch-geographische Beschreibung der Halbinsel I (Gotha1851)

Curtius – Adler 1882

E. Curtius – F. Adler, Olympia und Umgegend. Zwei Karten und ein Situationsplan, gezeichnet von J. A. Kaupert und W. Dörpfeld (Berlin 1882)

Curtius et al. 1876

E. Curtius – F. Adler – G. Hirschfeld (Hrsg.), Die Ausgrabungen zu Olympia I. Übersicht der Arbeiten und Funde vom Winter und Frühjahr 1875–1876 (Berlin 1876)

Curtius et al. 1879
E. Curtius – F. Adler – H. Treu (Hrsg.), Die Ausgrabungen zu Olympia III. Übersicht der Arbeiten und Funde vom Winter und Frühjahr 1877–1878 (Berlin 1879)

Deltares 2010
Deltares Institut, Delft3D-FLOW. Simulation of multi-dimensional hydrodynamic flows and transport phenomena, including sediments. User Manual. (Rotterdam 2010) http://oss.deltares.nl/documents/21119/22242/Delft3D-FLOW_User_Manual.pdf (Access 2011-09-05)

Dinsmoor 1941
W. B. Dinsmoor, An archaeological earthquake at Olympia. AJA 45/3, 1941, 399–427

Dörpfeld 1935
W. Dörpfeld, Alt-Olympia. Untersuchungen und Ausgrabungen zur Geschichte des ältesten Heiligtums von Olympia und der älteren griechischen Kunst I–II (Berlin 1935)

Doutsos – Kokkalas 2001
T. Doutsos – S. Kokkalas, Stress and deformation patterns in the Aegean region, Journal of Structural Geology, 23 (2001) 455–472

Dufaure1976
J.-J. Dufaure, La terrasse holocène d'Olympie et ses équivalents méditerranéens. Bulletin de l'Association de Géographes Français 433, 1976, 85–94

Engel et al. 2009
M. Engel – M. Knipping – H. Brückner – M. Kiderlen – J. C. Kraft, Reconstructing middle to late Holocene palaeogeographies of the lower Messenian plain (southwestern Peloponnese, Greece): Coastline migration, vegetation history, and sea level change, Palaeogeography, Palaeoclimatology, Palaeoecology 284, 2009, 257–270

Fouache 1999
E. Fouache, L'alluvionnement historique en Grèce occidentale et au Péloponnèse – géomorphologie, archéologie, histoire, BCH Suppl. 35 (Athènes/Paris 1999)

Fouache – Pavlopoulos 2010
E. Fouache – K. Pavlopoulos, The interplay between environment and people from Neolithic to Classical times in Greece and Albania, in: I. P. Martini – W. Chesworth (eds.), Landscapes and societies. Selected cases (Heidelberg – London – New York 2010) 155–166

Fountoulis – Mariolakos 2008
I. Fountoulis – I. Mariolakos, Neotectonic folds in the central-western Peloponnese, Greece, Z. dt. Ges. Geowiss. 159/3, 2008, 485–494

Fountoulis – Mavroulis 2008
I. Fountoulis – S. Mavroulis, Flood hazard assessment in the Kladeos River basin (Olympia, western Peloponnese), in: G. Migiros – G. Stamatis – G. Stournaras (eds.), 8th International Hydrogeological Congress of Greece, 3rd MEM Workshop on Fissured Rocks Hydrology, Abstract Volume (Athens 2008) 819–828 (in Greek)

Fountoulis et al. 2008
I. Fountoulis – I. Mariolakos – S. Mavroulis – I. Ladas, Flood periods during prehistoric and Roman times in the Kladeos torrent basin – ancient Olympia (Greece), in: G. Migiros – G. Stamatis – G. Stournaras (eds.), 8th International Hydrogeological Congress of Greece, 3rd MEM Workshop on Fissured Rocks Hydrology, Abstract Volume (Athens 2008) 809–818

Frazer 1898
J. G. Frazer, Pausanias's description of Greece. Translated with commentary, vol. IV: Commentary on books VI–VIII (London 1898)

Frazer 1917
J. G. Frazer, Studies in Greek scenery, legend and history selected from his commentary on Pausanias 'Description of Greece' (London 1917)

Gehrke 2012
H.-J. Gehrke, Einleitung – Olympia in der Geschichte, in: Heilmeyer et al. 2012, 29–35

Geyer – Gwinner 1991
O. F. Geyer – M. P. Gwinner, Geologie von Baden-Württemberg ^{4}(Stuttgart 1991)

Groskurd 1831
C. G. Groskurd, Strabo. Erdbeschreibung in siebzehn Büchern. Verdeutscht von Christoph Gottlieb Groskurd. Teil 2, Buch VIII-XIII (Berlin – Stettin 1831 [= unveränd. Ndr. Hildesheim – Zürich – New York 1988])

Grove – Rackham 2001
A. T. Grove – O. Rackham, The nature of Mediterranean Europe. An ecological history (New Haven – London 2001)

Hadler et al. 2012
H. Hadler – T. Willershäuser – K. Ntageretzis – P. Henning – A. Vött, Catalogue entries and non-entries of earthquake and tsunami events in the Ionian Sea and the Gulf of Corinth (eastern Mediterranean, Greece) and their interpretation with regard to palaeotsunami research, in: A. Vött – J.-F. Venzke, (Hrsg.), Beiträge der 29. Jahrestagung des Arbeitskreises „Geographie der Meere und Küsten", 28. bis 30. April 2011 in Bremen, Bremer Beiträge zur Geographie und Raumplanung 44, 2012, 1–15

Hasluck 1937
M. Hasluck, Causes of the fluctuations in level of Lake Ostrovo, West Macedonia, The Geographical Journal 90/5, 1937, 446–457

Heilmeyer et al. 2012
W.-D. Heilmeyer – N. Kaltsas – H.-J. Gehrke – G. E. Hatzi – S. Bocher (Hrsg.), Mythos Olympia. Kult und Spiele (München 2012)

Henderson 1927
J. Henderson, Strabo. Geography. Books 8–9. With an English translation by Horace Leonard Jones. (Cambridge – London 1927)

Higgins – Higgins 1996
M. Higgins – R. Higgins, A geological companion to Greece and the Aegean (London 1996)

Hollenstein et al. 2008
C. Hollenstein – M. D. Müller – A. Geiger – H.-G. Kahle, Crustal motion and deformation in Greece from a decade of GPS measurements, 1993–2003, Tectonophysics 449, 2008, 17–40

Hötzl 1996
H. Hötzl, Origin of the Danube-Aach system, Environmental Geology 27, 1996, 87–96

Hoppe et al. 2012
A. Hoppe – R. Lehné – S. Hecht – A. Vött, Olympia im Kontext der jüngsten Erd- und Landschaftsgeschichte, in: Heilmeyer et al. 2012, 232–235

Huggett 2011
R. J. Huggett, Fundamentals of geomorphology. [3](London/New York 2011)

Huntington 1910
E. Huntington The burial of Olympia: a study in climate and history, The Geographical Journal 36/6, 1910, 657–675

IGME 1982
Institute of Geology and Mineral Exploration, Geological map of Greece, 1:50,000, Olympia Sheet (Athens 1982)

IGMR 1980
Institute of Geological and Mining Research (later: Institute of Geology and Mineral Exploration), Geological map of Greece, 1:50,000, Pirgos Sheet (Athens 1980)

IGSR 1954
Institute for Geology and Subsurface Research, Geologic map of Greece 1:500,000. Compiled by C. Renz, N. Liatsikas, I. Paraskevaidis (Athens 1954)

Jaffe et al. 2012
B. Jaffe – K. Goto – D. Sugawara – B. M. Richmond – S. Fujino – Y. Nishimura, Flow speed estimated by inverse modeling of sandy tsunami deposits: results from the 11 March 2011 tsunami on the coastal plain near the Sendai Airport, Honshu, Japan, Sedimentary Geology (http://dx.doi.org/10.1016/j.sedgeo.2012.09.002)

Koukouvelas et al. 1996
I. Koukouvelas – A. Mpresiakas – E. Sokos – T. Doutsos, The tectonic setting and eathquake ground hazards of the 1993 Pyrgos earthquake, Peloponnese, Greece. Journal of the Geological Society London 153, 1996, 39–49

Kraft et al. 2005
J. C. Kraft – G. (Rip) Rapp – J. A. Gifford – S. E. Aschenbrenner, Coastal change and archaeological settings in Elis, Hesperia 74/1, 2005, 1–39

Kurzetz 1991
G. Kurzetz, Die Ursachen und Genese der Verschüttung der antiken Sportstätten von Olympia. Unveröffentlichte Diplomarbeit, Fachbereich Geowissenschaften, Freie Universität Berlin 1991

Kyrieleis 2002
H. Kyrieleis, Olympia 1875–2000. 125 Jahre Deutsche Ausgrabungen (Mainz 2002)

Kyrieleis 2011
H. Kyrieleis, Olympia. Archäologie eines Heiligtums (Darmstadt 2011)

Lang 1878
W. Lang, Peloponnesische Wanderungen (Berlin 1878)

Leake 1830
W. M. Leake, Travels in the Morea I–III (London 1830)

Lekkas et al. 2000
E. Lekkas – I. Fountoulis – D. Papanikolaou, Intensity distribution and neotectonic macrostructure Pyrgos earthquake data (26 March 1993, Greece), Natural Hazards 21, 2000, 19–33

Lienau 1989
C. Lienau, Griechenland. Geographie eines Staates der europäischen Südperipherie, Wissenschaftliche Länderkunden 32 (Darmstadt 1989)

Mallwitz 1999a
A. Mallwitz, Bericht über die Arbeiten in den Jahren 1977 bis 1981, in: A. Mallwitz (Hrsg.), XI. Bericht über die Ausgrabungen in Olympia. Frühjahr 1977 bis Herbst 1981 (Berlin/New York 1999) 1–32

Mallwitz 1999b
Ergebnisse und Folgerungen. In: Mallwitz, A. (Hrsg.): XI. Bericht über die Ausgrabungen in Olympia. Frühjahr 1977 bis Herbst 1981. Herausgegeben vom Deutschen Archäologischen Institut. Walter de Gruyter, Berlin/New York. S. 181–284

Mallwitz – Schiering 1964
A. Mallwitz – W. Schiering, Die Werkstatt des Pheidias in Olympia. Erster Teil, Text- und Tafelband, OF 5 (Berlin 1964)

Mather 2009
A. Mather, Tectonic setting and landscape development, in: J. Woodward (ed.), The physical geography of the Mediterranean (Oxford 2009) 5–32

May et al. 2011

S. M. May – A. Vött – H. Brückner – R. Grapmayer – M. Handl – V. Wennrich, The Lefkada barrier and beachrock system (NW Greece) – Controls on coastal evolution and the significance of extreme wave events, Geomorphology 139/140, 330–347 (http://dx.doi.org/10.1016/j.geomorph.2011.10.038)

Moustaka 2012

A. Moustaka, Die deutschen und griechischen Ausgrabungen, in: Heilmeyer et al. 2012, 173–179

Müllenhoff et al. 2004

M. Müllenhoff – M. Handl – M. Knipping – H. Brückner, The evolution of Lake Bafa (Western Turkey) – Sedimentological, microfaunal and palynological results, in: G. Schernewski – T. Dolch (Hrsg.), Geographie der Meere und Küsten, Coastline Reports 1, 2004, 55–66

Müllenhoff 2005

M. Müllenhoff, Geoarchäologische, sedimentologische und morphodynamische Untersuchungen im Mündungsgebiet des Büyük Menderes (Mäander), Westtürkei. Marburger Geographische Schriften 141 (Marburg 2005)

Nott 2006

J. Nott, Extreme events. A physical reconstruction and risk assessment (Cambridge 2006)

Papanikolaou et al. 2007

D. Papanikolaou – I. Fountoulis – C. Metaxas, Active faults, deformations rates and Quaternary palaeogeography at Kyparissiakos Gulf (SW Greece) deduced from onshore and offshore data. Quaternary International 171–172, 2007, 14–30

Papazachos – Dimitriu 1991

B. C. Papazachos – P. P. Dimitriu, Tsunamis In and Near Greece and Their Relation to the Earthquake Focal Mechanisms, Natural Hazards 4, 1991, 161–170

Peyron et al. 2011

O. Peyron – S. Goring – I. Dormoy – U. Kotthoff – J. Pross – J.-L. de Beaulieu – R. Drescher-Schneider – B. Vannière – M. Magny, Holocene seasonality changes in the central Mediterranean region reconstructed from the pollen sequences of Lake Accesa (Italy) and Tenaghi Philippon (Greece), The Holocene 21, 2011, 131–146

Philippson 1959

A. Philippson, Die Griechischen Landschaften. Eine Landeskunde III: Der Peloponnes (Frankfurt1959)

Pillay 1966

T. V. R. Pillay, A preliminary survey of the lagoon fisheries of the western Peloponnesus, Greece, September 1964, in: Economic survey of the Western Peloponnesus, Greece, FAO Fishery Circular 108, Vol. 3. Agriculture. FAO, FAO/SF8/GRE, Appendix 3, Part 5 (Rome 1966) 207–224

Roberts et al. 2011a

N. Roberts – W. J. Eastwood – C. Kuzucuoğlu – G. Fiorentino – V. Caracuta, Climatic, vegetation and cultural change in the eastern Mediterranean during the mid-Holocene environmental transition, The Holocene 21, 2011, 147–162

Roberts et al. 2011b

N. Roberts – D. Brayshaw – C. Kuzucuoğlu – R. Perez – L. Sadori, The mid-Holocene climatic transition in the Mediterranean: causes and consequences, The Holocene 21, 2011, 3–13

Röbke et al. 2012

B. R. Röbke – H. Schüttrumpf – T. Wöffler – H. Hadler – T. Willershäuser – A. Vött, Tsunamis in the Gulf of Kyparissia (western Peloponnese, Greece) – risk assessment based on numeric simulation and field evidence, in: H. Schüttrumpf – G. R. Tomasicchio (eds.), Proceedings of the 5th International Short Conference on Applied Coastal Research, 6th to 9th June, 2011, RWTH Aachen University, Germany, Mitteilungen des Lehrstuhls und Instituts für Wasserbau und Wasserwirtschaft der Rheinisch-Westfälischen Technischen Hochschule Aachen 165 (Aachen 2012) 560–569

Sadori et al. 2011

L. Sadori – S. Jahns – O. Peyron, Mid-Holocene vegetation history of the central Mediterranean, The Holocene 21, 2011, 117–129

Schillbach 1999

J. Schillbach, Die Tongefäße aus den Brunnen 98–129 im Südostgebiet, in: A. Mallwitz, (Hrsg.): XI. Bericht über die Ausgrabungen in Olympia. Frühjahr 1977 bis Herbst 1981 (Berlin/New York 1999) 285–322

Schriever 2007

A. Schriever, Die Entwicklung des Acheloos-Deltas. Eine paläogeographisch-geoarchäologische Untersuchung zum holozänen Küstenwandel in Nordwest-Griechenland, Diss. Marburg 2007, http://archiv.ub.uni-marburg.de/diss/z2007/0536/pdf/das_1.pdf

Sinn 2012

U. Sinn, Olympia und die Spiele in römischer Zeit, in: Heilmeyer et al. 2012, 105–109

Soloviev 1990

S. L. Soloviev, Tsunamigenic Zones in the Mediterranean Sea, Natural Hazards 3, 1990, 183–202

Stiros 1996

S. C. Stiros, Identification of earthquakes from archaeological data: methodology, criteria and limitations, in: S. Stiros – R. E. Jones, Archaeoseismology, Fitch Laboratory Occasional Paper 7 (Athens 1996) 129–152.

Tzedakis et al. 2003

P. C. Tzedakis – J. F. McManus – H. Hooghiemstra – D. W. Oppo – T. A. Wijimstra, Comparison of changes in vegetation in northeast Greece with records of climate variability on orbital and suborbital frequencies over the last 450 000 years, Earth and Planetary Science Letters 212, 2003, 197–212

Vita-Finzi 1966

C. Vita-Finzi, The new Elysian Fields. AJA 70/2, 1966, 175–178

Vita-Finzi 1969

C. Vita-Finzi, The Mediterranean Valleys. Geological Changes in Historical Times (Cambridge 1969)

Vött 2007

A. Vött, Relative sea level changes and regional tectonic evolution of seven coastal areas in NW Greece since the mid-Holocene, Quaternary Science Reviews 26, 2007, 894–919

Vött 2011

A. Vött, Tsunamis – Entstehung, Dynamik, Ausmaß und Überlieferung, in: H. Gebhardt – R. Glaser – U. Radtke – P. Reuber (Hrsg.), Geographie. Physische Geographie und Humangeographie. [2](Berlin – Heidelberg 2011) 1134–1137

Vött et al. 2007

A. Vött – H. Brückner – M. May – F. Lang – S. Brockmüller, Late Holocene tsunami imprint at the entrance of the Ambrakian Gulf. Méditerranée 108, 2007, 43–57

Vött et al. 2009

A. Vött – H. Brückner – S. Brockmüller – M. Handl – S. M. May – K. Gaki-Papanastassiou – R. Herd – F. Lang – H. Maroukian – O. Nelle – D. Papanastassiou, Traces of Holocene tsunamis across the Sound of Lefkada, NW Greece, Global and Planetary Change 66, 2009, 112–128

Vött et al. 2010

A. Vött – G. Bareth – H. Brückner – C. Curdt – I. Fountoulis – R. Grapmayer – H. Hadler – D. Hoffmeister – N. Klasen – F. Lang – P. Masberg – S. M. May – K. Ntageretzis – D. Sakellariou – T. Willershäuser, Beachrock-type calcarenitic tsunamites along the shores of the eastern Ionian Sea (western Greece) – case studies from Akarnania, the Ionian Islands and the Western Peloponnese, Zeitschrift für Geomorphologie N.F., Suppl. 54/3, 2010, 1–50

Vött et al. 2011a

A. Vött – G. Bareth – H. Brückner – F. Lang – D. Sakellariou – H. Hadler – K. Ntageretzis – T. Willershäuser, Olympia's harbour site Pheia (Elis, western Peloponnese, Greece) destroyed by tsunami impact, Die Erde 142/3, 2011, 259–288

Vött et al. 2011b

A. Vött – F. Lang – H. Brückner – K. Gaki-Papanastassiou – H. Maroukian – D. Papanastassiou – A. Giannikos – H. Hadler – M. Handl – K. Ntageretzis – T. Willershäuser – A. Zander, Sedimentological and geoarchaeological evidence of multiple tsunamigenic imprint on the Bay of Palairos-Pogonia (Akarnania, NW Greece), Quaternary International 242, 2011, 213–239

Vött et al. 2013

A. Vött – H. Hadler – T. Willershäuser – K. Ntageretzis – H. Brückner – H. Warnecke – P. M. Grootes – F. Lang – O. Nelle – D. Sakellariou, Ancient harbours used as tsunami sediment traps – the case study of Krane (Cefalonia Island, Greece), in: F. Pirson – S. Ladstätter – T. Schmidts (Hrsg.), Häfen und Hafenstädte im östlichen Mittelmeerraum von der Antike bis in byzantinische Zeit. Aktuelle Entdeckungen und neue Forschungsansätze, Byzas (im Druck)

Wagstaff 1981

J. M. Wagstaff, Buried assumptions: some problems in the interpretation of the "Younger Fill" raised by recent data from Greece, JASc 8, 1981, 247–264

Willershäuser et al. 2011

T. Willershäuser – A. Vött – G. Bareth – H. Brückner – H. Hadler – K. Ntageretzis, Sedimentary Evidence of Holocene Tsunami Impacts at the Gialova Lagoon (Southwestern Peloponnese, Greece), in: C. Grützner – R. Pérez-López – T. Fernández Steeger – I. Papanikolaou – K. Reicherter – P. G. Silva – A. Vött (eds.), Earthquake Geology and Archaeology: Science, Society and Critical Facilities, Proceedings of the 2nd INQUA-IGCP 567 International Workshop on Active Tectonics, Earthquake Geology, Archaeology and Engineering, 19–24 September 2011, Corinth (Greece) 283–285

Willershäuser et al. 2012

T. Willershäuser – A. Vött – H. Hadler – P. Henning – K. Ntageretzis, Evidence of high-energy impact near Kato Samiko, Gulf of Kyparissia (Western Peloponnese, Greece), during history, Bremer Beiträge zur Geographie und Raumplanung 44 (im Druck)

Younger – Rehak 2009

J. G. Younger – P. Rehak, Technical observations on the sculptures from the Temple of Zeus at Olympia. Hesperia 78, 2009, 41–105.

Abbildungsnachweise

Abb. 1 Boetticher 1886, Tafel 1

Abb. 2 Curtius et al. 1879, Tafel 1

Abb. 3 Eigener Entwurf auf der Grundlage von Google Earth-Bildern 2011

Abb. 4 Entwurf von B. Röbke (2012) auf der Grundlage von IGMR 1980, IGME 1982 und Lekkas et al. 2000

Abb. 5 Entwurf von H. Hadler (2012) auf der Grundlage von Papazachos und Dimitriu 1991 unter Berücksichtigung von Daten von Soloviev 1990 und Doutsos und Kokkalas 2001

Abb. 6 Büdel 1981, Abb. 80

Abb. 7 Büdel 1981, Abb. 82

Abb. 8 Butzer 2005, Abb. 2

Abb. 9 Fountoulis et al. 2008, Abb. 6

Abb. 10 Fountoulis und Mavroulis 2008, Abb. 7

Abb. 11 Bücking 1882

Abb. 12 Eigener Entwurf auf der Grundlage der Karte von Philippson 1959

Abb. 13 Photo von A. Vött, 2011

Abb. 14 Eigener Entwurf, 2012

Abb. 15 Photo von A. Vött, 2010

Abb. 16 Eigener Entwurf, 2012

Abb. 17 Photo von T. Willershäuser, 2010

Abb. 18 Photo von A. Vött, 2011

Abb. 19 Eigener Entwurf, 2012

Abb. 20 Alle Photos von A. Vött, 2011, 2012

Abb. 21 Photo von T. Willershäuser, 2009

Abb. 22 Eigener Entwurf, 2012

Abb. 23 Photo von T. Willershäuser, 2009

Abb. 24 Photo von A. Vött, 2010

Abb. 25 Entwurf von B. Röbke 2012, vgl. Röbke et al. 2012

Abb. 26 Papanikolaou et al. 2007, Abb. 3

Abb. 27 Eigener Entwurf, 2012

Abb. 28 Eigener Entwurf, 2012

Abb. 29 Eigener Entwurf auf der Grundlage von Google Earth-Bildern 2011

Abb. 30 Vött et al. 2011a, Abb. 5

Abb. 31 Eigener Entwurf auf der Grundlage von Google Earth-Bildern 2010